U0675970

情绪自由

李筱懿 著

南方传媒 花城出版社

中国·广州

果麦文化　出品

幸福与否，由我们的情绪决定

谢谢你打开这本书。

我是作家，这是一个需要提供很多情绪价值的职业，我却不是天生情绪成熟度很高的人，我敏感、爱生气、容易选择困难、对爱患得患失，这些都让我思考：有没有办法调整自己的情绪状态？我阅读过大量关于情绪调整的书籍，反复地思考和调整行为，从一个容易焦虑的人变得平和快乐，在这本书里，我想把这个转变的过程分享给你。

当我们感到焦虑时，究竟是事情本身真的很糟糕，还是自己糟糕的情绪，带来了恶劣的心情？我有一次特别深刻的体会。

那天晚上我加班到九点半，两位女孩送我回家，结果发现我家指纹锁坏了，不巧住我隔壁的父母还都在外地。我们花了十五分钟用各种方式尝试开锁，无论指纹还是磁卡都失败了，这时是晚上九点四十五分，我有三个选择：

第一，让我家阿姨赶过来，用钥匙再试。

第二，找开锁公司上门撬锁。

第三，找家酒店暂时住一晚，一切等到第二天白天再说。

我用最快的速度选择了第三个方案，到酒店暂住，第二天解决问题。

为什么呢？因为我家阿姨赶过来得三十分钟，她的钥匙也不一定能打开门，还打扰了她晚上休息；找开锁公司，从上门到撬开锁，得九十分钟，并且我要面对房门被撬开的一片狼藉。尤其，我是一个早睡的人，平时晚上十点半一定要休息了，如果睡不好，第二天全天都萎靡不振。

而最近的酒店从我家开车过去仅需六分钟，就在我办公室对面。于是，我们兵分两路，同事把我送到酒店办理入住，再去办公室帮我带一套备用的洗漱用品过来。当我收拾妥当躺平在酒店舒服的床上准备入睡时，瞄了一眼手机，时间是22:43，和我平时的作息差不多。

于是，我睡了个踏实觉，第二天精神抖擞。

白天很容易找到维修人员，指纹锁的问题瞬间解决。毛病不大，只是一个小卡扣松动了，掉下来卡在门框上。如我所料，就算我家阿姨连夜带着钥匙赶过来也打不开门，幸好没有叫她。

事实证明，我的选择是对的，自己没有遭罪，没有打乱日常作息和工作，同事也没有陪着我受罪，我们用最少的时间和精力成本，解决了这个可大可小的意外。

我突然想起二十二岁时，也就是二十多年前，我遇到过几乎同样的场景，当时还真不是这么处理的。

那是个夏天晚上，我和朋友逛完街独自回到出租公寓，发现门锁坏了打不开，第一时间掏出手机，给当时远在天边的男朋友打电话哭诉。倒不指望他驾着七彩祥云来帮我开锁，就是有情绪要发泄，撒个娇什么的，证明自己非常需要被关心。

然而，这个同样二十多岁的男人自己估计也不咋顺，加班到头大，没有表达出我期待中的体贴和安慰，敏感的我立刻发觉，斥责他的不诚恳，我们在电话里吵架，吵了一个半小时。

吵完架，我气得头昏眼花，又不敢自己打电话找人开锁，就给同一座城市的爷爷奶奶打电话求助，快八十岁的老人被我半夜吵醒，又叫上叔叔姑姑，一大批人奔向我的出租公寓。

还没算上中间我号啕着打电话，把我外地的父母哭诉醒。

没人预料到集结亲戚团队和等待撬锁需要那么久，当房门终于被打开时，已是凌晨两点半左右，所有人都筋疲力尽，还要面对门关不上的窘境。

那次失败的撬锁经历之后，我家人集体认为我缺乏单独生活能力，不适合独立，还是滚回爷爷奶奶家待着比较好。于是，我结束了三个月不到的出租公寓生涯，把精心布置的书籍、CD、音响、家具等等我自以为的诗和远方，统统搬走。

是的，二十二岁的我就是这么独立又坚强，哈哈。

现在，我四十三岁，再看这两件相隔了二十一年的同样的事，结果居然天差地别。

为什么呢？因为我的情绪成熟度变了——我懂得把"处理问题"放在"发泄情绪"的前面，我明白了"看上去很差"和"真的很差"是两码事。

人这一生啊，特别需要调整自己的"情绪成熟度"，我们得知道工作、爱情、婚姻、亲情、友情这些关系中，很大的痛苦和消耗是我们的情绪带来的，并不是事情本身差到无法收拾，因为女性喜欢表达，所以看上去面临的情绪困扰更多：

丈夫最近说话少，一定是他对我感情淡了；

领导脸色不好看，就是觉得我工作做得差；

最近我换了新的大房子，感觉闺蜜有点嫉妒的样子；

又被老师叫去谈话，我怎么生了个世界上最调皮的孩子；

……

这些让人心情糟透的问题，可能真是我们想象出来的：说话很少的老公，或许就是累了；领导脸色不好看，估计家里有事；闺蜜对别人的喜讯没精神，可能聊天时开小差了；还有，谁家的孩子不调皮？

从前别人讲一句话，我就觉得万箭穿心，受到好大的伤害；但换一个人听到类似的话，却不会有什么特别反应。所以，这几年我有了巨大的改变，一个是尝试理解自己的情绪，找到情绪背后的原因和问题，学会既顺畅又克制地表达情绪；另一个，则是观察和理解别人的情绪，能共情，但不要过度在意。

我逐渐把注意力放在事情本身，努力解决生活中一个个具体的困难，而不是那些"他不喜欢我""她对我有意见""我的梦想远了""我是不是太敏感了"这种虚头巴脑的东西。

我发现自己变得既高效又务实，那些鸡零狗碎的烦恼，几乎全部消失。

在整理自己情绪的过程中，我发现周围很多朋友和我有共同的困惑，我们一起讨论这些情绪问题，我把理论、案例、知识点、方法论，还有自己思考的过程和盘托出，大家挺惊喜，于是建议：筱懿，你把思考和治愈自己的过程写成一本书吧，估计很多人用得上。

欸，这个建议给了我启发，我想起自己看过的理论书籍，大多比较深奥，有时候在遇到具体问题时，往往不知道该怎么用。能不能深入浅出，写一本普通人一看就懂、一学就会、能把日常问题对号入座的"情绪读本"，用我的亲身经历和探索，用我多年学习的心理学知识还有读过的文学作品，陪着读者一起改善情绪成熟度，找到不焦虑的活法？

于是，我写了经典心理学读物中的十个方法，也加上了延展的概念。案例呢，既来源于身边现实生活，比较特别的是，我也对文学作品中的十位女主角，也是大家很熟悉的人物做了具体分析。

经历了2020年的疫情，很多人都发现，原来学会处理好情绪是那么重要，原来不同的情绪下，对同样一件事的解决方法是那么不同，结果差别是那么大。

是的。

假如你也有这样的感受，请打开这本书吧，它会给你不一样的收获。

你的朋友　筱懿

目录 | CONTENTS

第三章 总是焦虑，怎么办？

第四章 选择困难，怎么办？

第五章 压抑自我，怎么办？

第六章 情绪地雷，怎么拆？

第七章 总爱错人，怎么办？

第八章 婚姻挫败，怎么办？

第九章 嫉妒前任，怎么办？

第十章 遭遇小人，怎么办？

第一章
很敏感，怎么办？

一个敏感的人，

如果ta能首先意识到情绪的发生，能够在情绪爆发之前冷静十秒钟，

情况马上就会不一样。

我和一位男性创业者偶尔聊到"找合伙人"的话题，问他："你找合伙人有哪些条件？"

　　他说："入门条件就是，坚决不与女人合作。"他这话说得理直气壮，丝毫不顾及坐在对面的我就是女性。

　　我问："为什么？"

　　他努力让自己看上去更礼貌地挠挠头，回答："女人太敏感了，敏感就是情绪化，创业者都是冬天的孩子，得经过九九八十一难，情绪化哪能成事呢？"

　　他这段话真正击中我的部分是"敏感就是情绪化"，按照这个逻辑推理，女性很敏感，所以女性很情绪化——这恐怕不仅是男人对女人的刻板印象，甚至大多数女性也这样看待自己。

　　因此，在《情绪自由》这本书的第一个章节，我想和你说透"情绪化"究竟是什么，它到底是不是女性独有的特质。

　　假如敏感就是情绪化，我们就先来看看一名公认敏感的女性，她真的很情绪化吗？

　　她就是《红楼梦》中的林黛玉。

成见和错觉在干扰你的判断

很多人都会说："林黛玉当然情绪化，整天哭哭啼啼，心眼儿比针尖儿还小。"

假如你真的这样认为，那可能有两种情况：一是对林黛玉有误解，二是对"情绪化"这个词有误解。

林黛玉是个典型的敏感女孩，她不像史湘云那样热情爽朗心直口快，不像贾探春干脆利落一点都不拖泥带水，也不像薛宝钗精通人际交往的窍门——用流行的话说就是"情商很高"，更不像王熙凤泼辣干练。林黛玉情感很细腻，她能细致入微地体察别人的状态，也能迅速识别他人对待自己的真情假意。

但是，即便如此细致敏锐，她也并不是个情绪化的姑娘。

林黛玉出生于书香之家，《红楼梦》第二回交代："这林如海姓林名海，字表如海，乃是前科的探花，今已升至兰台寺大夫，本贯姑苏人氏，今钦点出为巡盐御史，到任方一月有余。"

她的父亲林如海是个读书人，中过科举考试的探花，在皇帝亲自主持的殿试中获得第三名。林如海不仅饱读诗书，还是个有实权的官员，他的职务是扬州巡盐御史，职责是收缴盐税和监督盐商的专卖。盐是非常重要的关乎国计民生的商品，明清时，扬州盐商富甲天下，巡盐御史是管理盐务的官员，盐商获利多少是要仰仗巡盐御史的。

林如海被钦点上任，这是个既有实权也握有财富的要职。

林黛玉的母亲名叫贾敏，贾敏的父亲贾代善和祖父贾源都是国公，而小说中的"老祖宗"贾母就是贾代善的妻子，她有贾赦、贾政和贾敏三个儿女，贾敏是唯一的女儿，特别得宠。

所以，从家庭出身的角度来说，林黛玉家世显赫，至少绝不比薛宝钗弱——很多人误以为林黛玉的身世比薛宝钗差很多，这的确是个巨大的误解。只不过林黛玉很小失去母亲，十岁时父亲也去世了，从此常住在贾府。"老祖宗"贾母由于疼爱小女儿贾敏，爱屋及乌地疼爱外孙女林黛玉，寝食起居、吃穿用度全部亲自打点，规格堪比嫡亲的孙子贾宝玉。

《红楼梦》全书塑造了大大小小上百位女性角色，其中十二位最优秀的女性合称"金陵十二钗"，里面有八位是出身于四大家族，也就是贾、史、王、薛四家的贵族小姐，她们分别是：与贾宝玉有金玉良缘之称的薛宝钗；"贾家四姐妹"元春、迎春、探春、惜春，其中元春已经进宫，是皇帝的贤德妃；史家千金史湘云；贾府的执行大管家王熙凤；还有一位贾巧姐，是王熙凤的女儿。

另外四位不是四大家族里的人物——其中，李纨和秦可卿是贾府的少奶奶；妙玉是带发修行的居士，她只是住在大观园，和所有人都是非亲非故的关系；林黛玉是贾母的外孙女，也是贾宝玉的姑表妹，她是作为一个被收养者的身份住在贾府。

在这么多出色的女性中，林黛玉和薛宝钗并列第一位，她的独特性离不开"敏感"带来的个人优势。而几乎每一位看过《红楼梦》的读者，都难免会把黛玉和宝钗放在一起比较。

原著中，作者描述薛宝钗容貌美丽，自幼便以宫廷妃嫔的标准培养，所以她博学多才，对文学、艺术、历史、诸子百家、佛学经典等都有涉猎，待人接物也很得体。相比之下，从小缺少母亲疼爱的林黛玉爱哭、爱生气、爱使小性子，看上去比宝钗情绪化得多，显得情商很低，这是一直以来很多人对林黛玉的第一个误解。

假如仔细阅读《红楼梦》，会发现林黛玉在和周围各种身份、地位不同的人相处时，火候拿捏得都十分恰当，她结交到了真心的朋友，关键的几位长辈也待她不错。

第二个误解是什么呢？那就是大家认为在爱情方面，林黛玉输给了薛宝钗。

林黛玉和贾宝玉，青梅竹马，木石良缘，最终却迎来悲剧的结局——黛玉在贾宝玉和薛宝钗的大婚之夜，烧掉自己的诗稿和手帕，含泪绝望而死。

由于这个结局很凄凉，所以读者倾向于认为黛玉没有善终，输给了宝钗。可是，宝钗虽然如愿嫁给宝玉，却是假扮成黛玉才成了这桩婚姻，宝玉在得知这是一场骗局之后，选择了出家。

所以，在和黛玉的"竞争"中，宝钗看似赢到了最后，却没有得到自己希望的结果和爱情，相比之下，黛玉虽然早逝，却永远地活在了宝玉的心中。

正是由于这些错觉印象，才让林黛玉在读者心中成为过于敏感、管理不好自己情绪的姑娘，这些误解的起因，则是因为对林黛玉的人格特质了解得不够深入。

情绪失控的原因是什么

林黛玉在与人相处时，真的不懂照顾别人的情绪吗？

有一次，宝钗安排仆人给她送燕窝，黛玉对仆人说："现在天凉了，夜也长了，你们可以去组个局，打打牌。"说完，拿出银子作为买酒打牌的资金。

这段细节很传神，林黛玉作为教育良好的大家闺秀，在仆人面前都很有人情味，她怎么会不懂得人际交往的技巧呢？只是她不刻意为之。在对待爱情的态度上，她把宝玉看作心灵契合的伴侣，而不像其他人，把宝玉当条件优异的结婚对象。所以黛玉从来不劝宝玉走仕途，寻求一官半职，这也是她与宝钗在对待爱情上的本质区别。

只有理解了林黛玉内心的"真实感"，才能从深层理解她为人处世和对待爱情的方式，真正懂得她处理情绪的方法。

解决"情绪问题"的出发点，就是"真实地面对自己"，而不是压抑所谓"不好"的感受。

我先说个小故事。

在一个日本传说中，一位好斗的武士质问一位禅师，让他解释什么是极乐世界，什么是地狱。禅师看了看他，没好气地说："你这样的粗鄙之人，跟你解释了你也不明白。"

武士觉得受了侮辱，立刻暴跳如雷，拔出长刀，大吼一声：

"太无礼了，我要杀了你！"

禅师很平静地回答道："你看，你现在就身陷地狱。"

武士突然明白，禅师是在点拨自己，所说的地狱指的就是他现在受到的愤怒的控制，于是平静下来，把刀收了回去，向禅师恭恭敬敬地鞠了一躬，感谢禅师的指点。

禅师又说："此时，就是极乐世界。"

我们会觉得情绪就是这位武士所表现出来的愤怒或者顿悟，但事实上，情绪除了这些显而易见的变化，还有些我们自己也很难察觉的感受。比如，有些时候你可以感受到自己的快乐、悲伤、紧张、愤怒，但有时候，甚至会需要别人的提醒才能察觉到这些情绪。所以在生活中，我们常常也会像这位武士一样，意识不到自己对某件事某个人的真实感受，然后情绪失控。

而敏感的林黛玉基本不会出现这种状况。

《红楼梦》里有一回，宝玉的两个丫鬟——晴雯和袭人——因为一件小事拌嘴，吵得不可开交，宝玉左右为难不知道该劝谁，急得哭起来。晴雯和袭人也跟着哭，场面混乱。恰好林黛玉来了，她进门就说："大过节的怎么好端端地哭起来，难道是为了争粽子吃不成？"一句话就把三个人逗乐了。接着黛玉就拍着袭人的肩膀说："一定是你们俩拌了嘴吧？告诉妹妹，我替你们调解调解。"这句话就缓解了紧张的气氛，谁都不继续争吵了。

你看，林黛玉处理纠纷也挺高明吧？

人们之所以会情绪失控，是因为大脑中有一个专门负责管理情绪的区域，叫作"杏仁核"，它位于脑干顶部、环状边缘系统底部附近，分为两大核群，左右脑各有一个。

"杏仁核"给我们的情绪站岗放哨，所以它又被称为"情绪哨兵"。信息传到杏仁核的速度比传到大脑皮层的速度要快，所以当突发事件发生时，我们更倾向于先产生情绪反应，会有狂喜、愤怒、伤心等各种体会，但是过后又平复下来，甚至经常会因自己的过度反应而后悔。

但是这不是不可改变的。一个敏感的人，如果ta能首先意识到情绪的发生，能够在情绪爆发之前冷静十秒钟，情况马上就会不一样。

解释完这一点，我们再回过头来看林黛玉，她性格中有两个特点：既敏感，又慢热。之所以能够赢得亲情、友情和爱情，是因为她的"自我意识"比别人快一步，而她在行动上又比别人慢一步。

听上去有些复杂，我来解释。

"自我意识"比别人快一步，就是她能很快地意识到自己的情绪，我们看《红楼梦》里，她特别多愁善感，想得很多，是一个内心戏很丰富的人，这实际上就是她在整理自己的情绪。同时，她在行动上又比周围人慢一步，就是因为慢了这一步，才让她很少受到情绪控制去直接做出不恰当的行为，在待人接物上，她的分寸感很强。

贾府人员众多，从林黛玉跟不同身份、地位的人之间采取的相处方式，就能很清楚地看到她的格局。

敏感提供了更高的"情绪价值"

　　林黛玉刚进贾府时，明白自己失去双亲，从此要过着寄人篱下的生活，需要处处小心。她回忆起母亲说过的话："外祖母家与别家不同，要步步留心，时时在意，不要多说一句话，不可多行一步路，恐被人耻笑了去。"

　　这个嘱托她一直牢记在心。

　　第三回写黛玉进贾府，贾母问她："你可念过什么书啊？"

　　黛玉回答说："只刚念了《四书》。"

　　实际上我们知道她饱读诗书，怎么可能只读过《四书》呢？但是因为那个年代崇尚"女子无才便是德"，她在不清楚状况时，采取了自谦的态度。那么贾母对于女孩读书的态度是什么呢？黛玉很希望了解，于是她试探性地问："姊妹们平常都读什么书呢？"

　　贾母说："哪有读什么书啊，不过是认得两个字，不是睁眼的瞎子罢了！"

　　这时，贾母对读书的态度已经很明确，所以过了一会儿，贾宝玉来再问黛玉："妹妹可曾读书？"这个时候林黛玉是怎么回答的呢？她说："不曾读，只上了一年学，些须认得几个字。"

　　同样的问题，她前后回答完全不一样，可见她已经意识到了先前实话实说可能会显得自己不合群，立刻就改口了。

　　吃饭时也有两个细节。

　　贾母左右两边分别空出了两张椅子，王熙凤拉着林黛玉，让她在左边第一张椅子就座。按理说，主人请客人坐在哪里，客人就应该遵从主人的建议，但黛玉不是，她知道贾母左手边第一个位置是身份、地位仅次于贾母的人才能坐，自己显然不够资历；再者，是王熙凤让自己坐，并不代表贾母的意思，于是她就推让着不肯坐。

这时贾母发话说："你舅妈跟你嫂子们都不在这吃饭，你是客人，应该坐在这里的。"黛玉这才乖巧地坐下。

吃完饭，丫鬟们捧着茶水上来，大家开始喝茶。黛玉从小在家里的习惯是从不在饭后立刻喝茶，她的父亲比较养生，觉得饭后立即喝茶对脾胃不好。但这次，她什么也没说，只是默默地在心里想，很多事情跟以前不一样了，以后难免要一一改过来。

从这些细微的举动和心理活动可以看出，黛玉确实是一个心理活动很多的人，但这也成为她在贾府的一道护身符，凡事她都会再三考虑，整理好自己的情绪再行动。对长辈，她很顺从，顺着长辈的话说，顺着长辈的意图做事，所以贾母才会格外喜欢她。

进贾府之后，不得不说到的就是宝、黛、钗三个人之间的感情线，敏感而慢热的林黛玉最终与宝玉两情相悦，是源于两个人之间的默契和真诚。

第三十四回，宝玉挨了父亲的打，宝钗先去看望，书里是这样写的：薛宝钗手里托着一丸药走进来，向袭人交代"晚上把这药用酒研开，替他敷上，把那淤血的热毒散开，可以就好了"。

然后宝钗问袭人，宝玉为什么挨打。袭人回答，因为有人向宝玉的父亲告状，说贾宝玉在外面与一个叫琪官的男戏子来往密切，而这个告状者很有可能受到了薛宝钗的哥哥薛蟠指使。

内心里，宝钗相信袭人的话，她太清楚自己哥哥的品性，但是，她对袭人和宝玉却是这么说的："你们也不必怨这个怨那个的，据我猜测，还是因为宝玉平时的做派，经常和那些人来往，老爷才生气。即便是我哥说漏了嘴，应该也不是有心挑唆的，一来他说的也是实话，二来他根本不知道这些事情是该避嫌的。"

与宝钗不同，黛玉傍晚时分去看望宝玉，去了之后什么也没说，只是一个劲儿地哭，书里写道："宝玉从梦中惊醒，睁眼一看，不是别人，却是林黛玉，只见他两个眼睛肿的桃儿一般，满面泪光。"

林黛玉没问宝玉为什么挨打，而是只说了一句话："你从此可都改了罢。"从"宝玉挨打"这件事中，宝钗和黛玉两个人的不同反应，能够看出两人对待爱情的不同态度，也就不难理解为什么宝玉和黛玉更能惺惺相惜。

宝钗对宝玉当然有感情，但是这种感情的真挚度和深厚度都比较有限。宝玉被打得卧床不起，她虽然感到心疼，但是当宝玉跟自己的亲哥哥被摆在天平的两端时，她首先维护的是哥哥的脸面，即使她心里很清楚哥哥有错，但是里外依然分得很清，甚至为了维护哥哥，把宝玉批评教训了一番。

以当下的眼光看，在宝玉面前，宝钗扮演的根本不是女朋友，而是一个人生导师，她总以家长的口吻头头是道地规劝宝玉，和她在一起，宝玉很难有情绪上的共鸣。

而黛玉呢，她用流泪表达了发自肺腑的心疼，唯一说的那句"你从此可都改了罢"，也没有教训责怪的意思。

我们说到情商中的"共情能力"，其实就是黛玉的这种行为，这是感同身受、共同进退的体验，甚至在爱情中的很多时候，她都像一个做好事不留名的活雷锋。

比如，贾政有一回从外地捎来家书，说很快就能回家，宝玉一听着急了，因为父亲回来就会检查他的功课，宝玉生性贪玩，本来每天都要练字，他已经落了很多天没写。贾政很严厉，如果看到儿子连日常功课都不做，免不了又会打他，这下宝玉的母亲王夫人也着急起来。

宝钗和探春立刻就站出来笑着说："这都是小事，我们每个人临摹两篇给宝玉就能交差。"及时的安慰让王夫人心头的石头落了地，从此宝玉突击用功，天天写字，宝钗和探春也送来替他写的两幅字，可是到最后，还有五十张字没写完。

正在火烧眉毛的时候，黛玉托丫鬟偷偷送来了五十张字，宝玉打开一看，字迹跟自己的还特别相似，又感动又高兴。

在这件事情上，宝钗当着大家的面，公开表态要给宝玉帮忙，宽了王夫人的心，也赢得了贾母的喜欢。当天林黛玉也在场，宝钗和探春表态时，她却一声不吭。但是最终，黛玉却给宝玉写了五十张，而且都是模仿着宝玉的字迹来写。

练过书法的人都知道，写一张字不容易，要模仿别人的笔迹写就更难了，何况是写五十张。而且这五十张字，既不能写太好，太好了不像宝玉写的，会被贾政发现，又不能和宝玉写得一模一样，显得一点长进都没有，贾政也会生气，也就是说，不仅要写得像，还要写得略好一点。

黛玉身体不好经常生病，贾母连针线活都舍不得让她做，希望她静养。但为了给宝玉交差，她紧赶慢赶写出了五十张字，这样一看，黛玉并不是不心疼宝玉，而是她没有把心疼放在明面上让所有人都看到。

宝玉挨打，送药的是宝钗；宝玉做不出功课，自告奋勇代劳的也是宝钗——宝钗的好，让所有人都看到；而黛玉的好，是默默的付出和支持，只有宝玉知道。

现在我们再来看前面说的"林黛玉是自我意识比别人快一步，行动又比别人慢一步"，她考虑周全，行为却不张扬，宝钗的八面玲珑让她赢得了大部分人的称赞，而黛玉的真心真意让她收获了只属于自己的爱情。

一个是做给别人看，一个是成全自己的内心。

谁更值得？个人理解不同而已。

敏感更能够分清事物的层次

看一个人的情绪是否可控，不仅要看ta怎样对待身份、地位比自己高的人，也要看ta怎么对待和自己旗鼓相当的人，更要看ta怎样与不如自己的人相处。

心理学上有个名词，叫作"踢猫效应"，说的是坏情绪的传染，一般由地位高的人传染给地位低的人，由强者传给弱者，一环扣一环，无处发泄的最弱小的那一个便成了最终的牺牲品。

这不难理解，比如在一家公司里，中层被高层骂了一顿，回到工位可能会拿基层员工撒气；员工晚上回了家，拿自己的孩子撒气；小孩再跟玩具或是宠物撒气。

在情绪紧绷时，保留自制力，警惕"踢猫效应"，不拿别人撒气，这也是真正情绪可控的做法。

在《红楼梦》里，迎春赶走了贴身丫鬟司棋；惜春撵跑了陪自己长大的入画；火暴脾气的王熙凤更不用说，生气起来会用簪子扎丫头的嘴，就连最亲近的平儿都挨过打；在贾府里被公认是最温和可亲的宝钗，也好几次当面骂过丫鬟。

但是翻遍全书，几乎找不到林黛玉打骂丫鬟或是和人起冲突的记录，不仅如此，她待人还特别耐心。

大观园成立诗社之后，甄士隐的女儿香菱看到姐妹们都在写诗，也想学着写，就央求宝钗教自己。宝钗考虑到香菱的处境，对于一个底层的女子，谋生是比写诗更重要的能力，委婉地拒绝了她。

香菱又向林黛玉请教，黛玉看她是真心想学诗，于是详细介绍如何作诗，一首诗如果立意立得好，词句马虎一点没关系。她还给香菱推荐杜甫和李白的诗，拿出自己的诗集借给香菱看。她说："你如果真想学，我这里有王维的全集，你把他的五言律诗读一百首，揣摩透了之后，再读一二百首杜甫的七言律诗，再把李青莲的七言绝句读一二百首。肚子里先有这三个人做底子，然后再读陶渊明等人的诗，不用一年的工夫，你就不愁不会作诗了。"短短几句话，给毫无功底的香菱指明了方向，也为她增添了信心。

宝钗是从现实生存的角度拒绝了香菱的请求，黛玉则从人性需求的层面答应了香菱的请求，很难说这两种选择谁对谁错。假如从香菱个人命运来看，她在大观园诗社里学诗的几个月可以算得上人生最快乐的日子，这其中黛玉功不可没。

但是，黛玉不是对谁都这么好脾气，情绪稳定不等于老好人，在该维护自己尊严的时候，她也挺尖锐。

在《红楼梦》第七回中，薛姨妈给周瑞家的拿了十二枝宫花，嘱咐她把这十二枝花带给各位姑娘，是这么分配的——迎春、探春、惜春每人一对，剩下的六枝，送林姑娘两枝，另外四枝给王熙凤。

在这段话中，薛姨妈按照送宫花的顺序，一路做减法，把话讲得明明白白。说明请三位姑娘先挑选，余下的六枝再进行分配。林姑娘挑过两枝后，才有凤姐的四枝。

很多人觉得送个花而已，至于这么麻烦还要按顺序送吗？

其实薛姨妈的顺序，大有讲究：为什么先送给贾家三位小姐呢？因为话是当着王夫人面说的，而薛家人和林黛玉，都属于贾府客人，礼物先送主人，才是为客之道。假如当时贾母也在场，恐怕就得让黛玉先挑了，因为她是贾母的心头肉，就连三个亲孙女也要往后排。但不管是哪一种情况，王熙凤都应该排在末尾——在作者曹雪芹所处的清代习俗中，没出嫁的小姐比媳妇的地位尊贵。

但是，王熙凤虽然是最后得到宫花，在数量上却多出两枝，起到了弥补作用。

从这个细节可以看出来，薛姨妈心思缜密。

然而，周瑞家的却改变了送花的顺序，最后才给黛玉送花，黛玉拿到的是所有人挑剩下来的两枝花。周瑞家的是王夫人的陪房丫鬟，是资历很深的仆人了，为什么会在这种小事上犯糊涂呢？糊涂是假的，怠慢才是真的，十二枝花送给五个人，谁先挑，谁就显得尊贵，让黛玉最后拿到宫花，周瑞家的就是怠慢。

书里写得很详细，在送给前几个姑娘的时候，周瑞家的都会仔细说明缘由。但是到了黛玉这里突然话锋一转，直接闯进来说："林姑娘，姨太太派我送花儿来给姑娘戴了。"

听到这话，第一感觉是这花儿是单独给黛玉一个人送的。

黛玉看到一个大盒子里只装了两枝花，顿时起了疑心，就问周瑞家的："这是单送我一个人的？还是别的姑娘都有呢？"周瑞家的只能老老实实回答："各位都有了，这两枝是姑娘的了。"

黛玉一下就识破了对方的心理，于是冷笑道："我就知道，别人不挑剩下的，也不给我。"

在送宫花这件事情上，很多人觉得黛玉小器，有点无理取闹。实际上，她根本不稀罕这两枝花，她不是一个看重物质的人，大观园里多少珍稀罕见的宝贝，她都不想要，而且她出手阔绰，还经常拿自己的钱打赏丫鬟。林黛玉在意的，是自己的尊严，被仆人怠慢是她不接受的。周瑞家的没有按照薛姨妈说的顺序送，的确轻视了林黛玉，黛玉的敏感迅速察觉了这一点，反应合情合理。

可能有读者觉得，不就是两枝花儿吗，至于这么小题大做？大家闺秀何必跟下人计较呢？这还真不是小题大做。

首先，我们要知道懂事和老好人是两个概念。黛玉刚到贾府，一切都按照贾府的规矩来，跟贾府亲戚相处融洽，这是懂事的表现。可作为一个大家闺秀，在仆人面前无原则忍让，那就叫"老好人"。"老好人"通常都是被欺负的对象，看看《红楼梦》里两个经典"老好人"——尤二姐和贾迎春——的下场，就知道黛玉做得对不对了。

尤二姐是王熙凤的丈夫贾琏的二房妻子，性格温顺，甚至有点逆来顺受。她刚进大观园时头油用完了，想让丫鬟善姐去王熙凤那里拿一点，被善姐一顿冷嘲热讽，尤二姐忍了。但忍气吞声换来了变本加厉的羞辱，连一日三餐都变成早一顿、晚一顿。

贾迎春是贾家四姐妹中的二姐，因为懦弱怕事，被起了个外号叫作"二木头"。有一次，下人偷了她的贵重首饰去赌钱，她秉持着"老好人"的态度表示不追究。有人要替她追回财物，迎春却说："宁可没有了，又何必生气。"最终，不仅下人欺负她，就连她的亲生父亲贾赦也无视她。贾赦欠了孙家五千两银子，就把女儿迎春嫁过去抵债。迎春的丈夫名叫孙绍祖，是个既好色又残暴的富家子，结婚不到一年，迎春就被他家暴折磨而死。

所以，"老好人"其实是一种看似求稳，实则非常有风险的选择，当环境越复杂，我们的人际关系策略也要相应灵活。

这样对比下来，林黛玉在跟身份、地位不如自己的人相处时，有三个基本原则：

第一，注意克制，警惕"踢猫效应"，不轻易把坏情绪传染给他人；

第二，读懂他人的深层需求，帮忙帮到点子上；

第三，面对怠慢，立场分明，绝不做老好人。

我的建议：不让敏感演变为情绪化

通过这些细节，相信你也看出林黛玉是个敏感的姑娘，但是她情绪化吗？

一点也不。

情绪化，是指一个人的心理状态容易因为一些或大或小的因素发生波动，喜怒哀乐随意转换不受控制，前一秒可能还是高兴的，后一秒立刻闷闷不乐。也可以理解为人在不理性的情感下所产生的行为状态，简单描述就是喜怒无常。

敏感，则是指感觉敏锐，生理上或者心理上对外界事物反应很快。

情绪化容易给自己和别人造成心理上的伤害，影响工作和人际关系。情绪型的人举止受情绪左右，容易冲动，事后冷静下来也感到不值得、不应该，经常处于内心矛盾冲突的痛苦中。

情绪化和敏感，完全是两件事。

回到文章开头的场景，我不同意那位男性创始人说的"女人都敏感，所以女人都情绪化"的判断，但是，我开始认真思考，我自己是个敏感的人吗？

答案是：对，我很敏感。

如果缺少敏感，我无法从事写作这份事业，因为这需要细致入微地感受到自己与别人的各种情绪，并且用语言描述出来。敏感对我来说至少有几个优点：

第一，关注细节。

我经常察觉到别人忽略的东西，比如食物的口感、音乐的变化、说话的语气、物品的质感等等，我的听觉、触觉、味觉、视觉都更细腻，这带给我很多享受生活的快乐。

第二，容易共情。

绝对的感同身受是不存在的，但是我可以尽量做到设身处地为别人着想，感知对方的悲喜。这对人际关系帮助很大，我的好朋友不多，但每一位都相处多年，情谊深厚。

第三，创造力很强。

"创作"成为我应对情绪反应的机制，因为看得多、想得多、想得细，我每天都要写稿和表达，素材来源于日常观察的点滴，我极少有写不出来的时候。于是我对自己说，作家、画家、音乐家这些都是敏感人群，创造力是我们的特长。

但是，阅读大量心理学论文之后，我发现"过度敏感"确实是引起"情绪波动"的原因，我得想办法为自己"多余"的敏感找到排解的途径，让"敏感"保持在恰到好处的程度，我有三个好用的方法分享给你。

第一，找出哪些敏感会触发负面情绪，然后优先处理掉。

每个人的"敏感点"不一样，我对"声音"和"气味"特别敏感，嘈杂和异味瞬间让我烦躁，于是我出差必带降噪耳机，准备了很多喜欢的香水和香氛放在家里或者随身携带。我掐断了那些带来负面情绪的敏感，保护了自己情绪的平静。

你也可以尝试问问自己：究竟哪些敏感带来情绪的波动？是朋友的评价，还是父母的唠叨？是工作的压力，还是婚姻的困惑？是消费的渴望，还是攀比中带来的挫败感？

找出那些触碰就会让你焦虑的来源，找到解决方式，就会舒展很多。

第二，找到自己释放压力的方法。

我明确感受到了压力带给我的紧张感，在各种尝试中发现，做运动、读书和SPA按摩是我释放压力最有效的方法，于是我调整了作息习惯。这三年，我都保持着一周四次有氧运动，每天读书和一周做一次SPA的习惯，即便非常忙碌，其他事项可以缩减，这三件能让我轻松和快乐的习惯必须坚持。

你释放压力的方法是什么？和朋友聊天，还是看场电影？唱歌还是打游戏？玩剧本杀还是旅行？不要小看这些爱好，人有所爱，才会觉得精神放松，生活值得。

第三，真实地表达自己。

对于周围不敏感的人，我发现ta们很难像我一样对声音、气味、语气、色彩的变化有那么强烈的感觉，于是我不再隐瞒自己的感受，我会直截了当地说：

这里光线太刺眼，我们换个位置吧。

刚才你的批评有点严厉，我感觉到了难过，你不会因为我这个缺点而影响我们的关系吧？

啊，你的语速好快，我好紧张，能讲慢一点吗？

······

你看，我学会了及时给别人反馈，让不敏感的人了解我的感受，这比闷在心里不说好多了。时间久了，别人更加了解我的"敏感点"，也不会觉得我很奇怪。我和家人、朋友、合作伙伴之间越来越了解，相处也越来越融洽。

理论是宏大的，但方法都是具体的，你也试试看这些方法。

第二章
爱生气，怎么办？

愤怒并不是一种完全负面的情绪，愤怒是人类的本能，

三个月大的婴儿已经会表达愤怒，

适当合理的情绪输出对人的身心健康非常必要。

我曾经是一个很容易生气的人。

但是，年龄渐长之后，发脾气肯定让人觉得自控力差，我就改成了生闷气，还自以为很得体，别人都看不出来。直到某天我发现，那些被压抑的愤怒并没有消失，而是转化到了另外一些不相干的事情里。比如，挑剔伙伴的工作，和朋友谈话打不起精神，对父母很敷衍，和孩子相处也没耐心……那些没有被合理排解的怒火，转化成了这些反常行为，给我带来了更多问题。

我开始认真思考：为什么自己爱生气？有没有办法安全地排解怒气呢？

很多资料都说，当代人"怒点"普遍低，很多人都是"易怒体质"，遇到一点小事就想发脾气，无论是开车遇到堵车、在网络上遇到杠精、跟男朋友话不投机，都会让我们忽然陷入愤怒。

其实，从情绪的角度来说，愤怒并不是一种完全负面的情绪，愤怒是人类的本能，三个月大的婴儿已经会表达愤怒，适当合理的情绪输出对人的身心健康非常必要。

在《情绪自由》这本书的第二个章节，我想说说"易怒体质"，它实际上包含了三个层面：识别不了愤怒，在不该愤怒的时候愤怒，用不恰当的方式发泄愤怒。

我也用一个人物做说明，她是清朝最后一位皇帝溥仪的妻子——"末代皇后"婉容。

易怒体质是天生的吗

美国女记者格蕾丝·西登1920年来到中国，在《中国灯笼》这本书中描写了她眼中的末代皇后婉容：

> 皇后看上去十分娇弱，按照中国的算法她十七岁，按照我们的算法才十六岁。她文雅地走近，像风信子一样摇曳生姿，伸出她瘦削而冰凉的手，用英语向我打招呼："认识您很高兴。"
>
> 她穿着淡粉紫色的毛边丝袍，上面绣着象征皇室的蓝色牡丹，身材显得更为修长，她大方地直视着我，嘴唇饱满，笑容温和，她长着好看的鹰钩鼻，鹅蛋脸型，皮肤光洁，胭脂和口红恰到好处。
>
> 她真的很漂亮，倾国倾城。

这是一位西方女性眼中，1922年大婚前夕即将离开娘家的婉容，她生长在显赫的家族，祖父锡林布是一品荫生大门侍卫，父亲荣源是一等轻车都尉，时任内务府大臣，主张男女平等，认为女孩应该和男孩同样接受教育；母亲家族更荣耀，生母爱新觉罗·恒香在女儿两岁时去世，父亲续娶了她的堂妹、军机大臣毓朗贝勒的次女爱新觉罗·恒馨，她们都拥有皇族姓氏，继母性格开朗，处事果断，对婉容视如己出，溺爱有加。

婉容的少女时代非常幸福快乐，她无忧无虑，几乎没有生气的理由。

很多人觉得，急躁的性格和脾气是天生的，真的吗？

盘珪禅师是日本十七世纪江户时期著名的高僧，信徒问他："我天生暴躁，不知要如何改正？"

盘珪说："是怎么一个天生法？你把它拿出来给我看，我帮你改掉。"

信徒答："不！现在没有，一碰到事情，那'天生'的性急暴躁才会跑出来。"

盘珪说："如果现在没有，只是在某种偶发的情况下才会出现，那么就是你和别人争执时，自己造就出来的，现在你却把它说成是天生的，将过错推给父母，实在是太不公平了。"

这个答案和信徒的想象完全不同。

很多人在生气之后习惯给自己找借口说："我天生就是急性子、暴脾气。""我也没办法呀！"并且用这个理由来求得别人的原谅。

实际上，除了极少数的病理因素，绝大多数人的怒火都不是天生的。

就像婉容，从少女时代的经历看，她就不是天生的暴躁和神经质，那么，她是什么时候开始变化了呢？

结婚之后。

溥仪在自传《我的前半生》中提到了自己身体的问题。少年时，皇宫里太监喜赌钱吃酒，但是皇帝寝息需要人守夜，于是太监和宫女为了使小皇帝睡得沉，便早早教他男女之事，他正值青春期发育，身边缺少长辈引导，被太监和宫女误导，导致毕生无法完成夫妻生活，无法生育。

溥仪四十年后描述自己的新婚之夜："被孤零零扔在坤宁宫的婉容是什么心情？那个不满十四岁的文绣在想些什么？我连想都没有想到这些。"

由于生理问题，皇帝缺席了新婚之夜，他丢下新娘，独自回到养心殿自己的卧室。

婉容起初用一些时髦的爱好排遣寂寞。

她爱打网球，和溥仪组队打混合双打，对手是弟弟润麒以及溥仪的老师庄士敦；她喜欢小动物，除了猫、狗、绵羊，还有一只慈禧时代留下的五色鹦鹉，婉容教它用英语问早安，喂它吃瓜子；她喜欢照相，戴着华贵的头饰，在气氛森严的皇宫中摆弄相机和鲜花；她还在1923年学会了弹钢琴。

但是，这些娱乐活动依旧不能使她开心，侍从们经常看见皇后愁眉紧锁，表面的热闹无法抚平内心的孤寂，婉容又学会了抽鸦片，甚至有专门的太监服侍皇后吸烟，那时，她每顿饭后已经要吸八个烟泡。

可是，婉容依旧不开心，于是，她给自己找到了一个"敌人"，向这个"假想敌"发泄怒火。

怒火绕了个圈，最终烧坏自己

这个敌人就是淑妃文绣。

文绣的父亲曾任内务府主事，他去世后家道衰落，十三岁的文绣被选为淑妃后家境获得极大改善。婉容比文绣年长三岁，她对别人尚能自持，对文绣这个情敌却极霸道，两人经常书信来往，从保留的信件看，婉容相当挤对文绣。

我挑选一封给大家感受一下——

> 爱莲女士惠鉴（爱莲是文绣进宫之后给自己取的别名）：
>
> 数日不见，不知君还顾影自怜否？余今甚思购一明镜，以备顾君之影。念有一曲，以还君一笑：爱莲女士吉祥，爱莲女士弹琴弹得好，爱莲女士唱得好，爱莲女士的娇病好点了。爱莲女士进药了吗？爱莲女士进得好，拉得香。祝君晚安！

意思就是：好几天不见啦，你还在顾影自怜吗？我给你买了面镜子，以备你随时顾影自怜。这有首歌儿：爱莲女士吉祥，爱莲女士弹琴弹得好，唱歌唱得好。娇情病好了吗？吃药了吗？祝你吃得好，拉得香。晚安哦！

这封信，很坦率地说，哪里像一个皇后写的？完全就是个任性、嫉妒、有点欺负人的小女孩。

婉容还喜欢在诗词里讽刺文绣，有一次她写了一首词，叫《桃花歌》，我也挑几句念给你听听——"桃花面上桃花癣，桃花口气如兰，桃花齿似叶烟，桃花唇似血盆"，意思就是：文绣啊，你长得真不好看，牙又丑又黄，嘴巴大得像血盆。

说实话，要不是看到了真实的史料记载，也完全无法相信这出自受过良好教育的婉容手笔。

可是，文绣从未夺走溥仪的陪伴，她和婉容一样并未和溥仪有过夫妻之实，她既没有皇后尊贵的地位，更没有娘家的实力做后盾。文绣值得婉容发泄怒火吗？根本不值得。对方只是一个比她更弱势、更孤独的女孩而已。

两人的矛盾错不在文绣，而在于婉容本身的怒点非常低，发火的方式也很幼稚。

1924年，直系军阀冯玉祥下令，将末代皇帝驱逐出紫禁城，取消对皇室的一切优厚待遇。十一月五日上午，国民军包围皇宫，限令溥仪三小时之内搬出。

1925年2月，溥仪偕同家眷抵达天津，前后在张园和静园居住了近七年，这期间，婉容和文绣的矛盾到达顶峰，也间接导致了自己和溥仪关系的恶化——婉容恨不得把文绣赶出皇室，溥仪夹在中间烦不胜烦，文绣也对溥仪偏袒婉容极度不满。

在这种僵持和煎熬里，婉容患有多种慢性病，神经衰弱、见风过敏，眼病也愈重，鸦片烟瘾越来越大，在天津居住七年，大病过三次，种种分歧使婉容和溥仪矛盾公开化，两人只在吃饭时才见个面。

1931年10月22日，文绣与溥仪离婚，婉容表面得偿所愿，实质却是她和溥仪的夫妻关系降到冰点。

文绣的离婚协议书总共三条：

一、离婚后，溥仪付给文绣生活费5.5万元。

二、允许文绣带走穿用的衣服和日用品。

三、文绣回北平母亲家生活，不得做出任何有损溥仪声誉的事情。

文绣以离婚走出黄金鸟笼，此后的生活，无论贫富悲喜，至少她拥有自由。

爱面子的末代皇帝却因为"被离婚"颜面大跌，他把怒火转嫁给婉容，认为是婉容的嫉恨造成文绣出走，从此对她极尽冷落。

真正让婉容跟溥仪的夫妻关系彻底决裂的事，是一次传说中的私通事件。

影视剧大多渲染"婉容出轨侍卫"，但是婉容女伴崔慧梅却认为这是对皇后的污蔑，她说："丑闻发生在1935年至1937年间，我姐姐是宫里内府内务总管，宫中除了皇上与太监，其他男人不能入内，此外，日本人也在严密监视，假如皇后真有越轨行为，从怀孕到生产的九个月，溥仪爷不知不闻？所有御医放大假？最可怜的是婉容皇后这个时候开始精神崩溃，对于一个终日疯疯癫癫的妇人，她会偷汉子？"

另外一方面，侍奉溥仪三十三年的李国雄却证实婉容确实分娩过一个女孩，他把孩子降生的消息报告皇上，皇上轻轻吩咐了一声："扔了吧！"于是，婉容的亲哥哥润良夹着孩子送到内廷护军宿舍附近的锅炉房烧化。

孩子的父亲，很可能是溥仪的随侍李体玉，他几乎二十四小时跟随溥仪，晚间就休息在皇上房间外面，与皇后的卧室仅一个屏风之隔。为了避免传闻外扬，溥仪开除李体玉，秘密遣人送他回北京，永远不许再回来。

无论哪种说法是真实的，至少可以看出两点：第一，溥仪和婉容关系崩溃；第二，婉容精神失常。

　　皇后从此被打入"冷宫"，从1935年到1945年，在地狱般的"冷宫"度过漫长的十年，直到1946年6月20日清晨五点钟，四十岁的婉容病死在延吉监狱，身边没有一个亲人，监狱条件太差，几个犯人用炕席裹了她的尸体抬到东墙外的水沟旁。

两个最重要的原因，导致了愤怒

从客观上说，婉容的悲剧有时代的原因，那个时期的中国政权交替频繁，极其动荡，皇后这个位置是既尴尬又危险。另外，婉容身边最亲近的人，她的父亲荣源和她的丈夫溥仪也有责任。荣源自己想当皇帝的岳父，不惜花钱把女儿嫁进皇宫，据说，荣源为了让女儿"竞选"成功，砸了二十万两黄金。而溥仪，他本身就缺少正常的情感表达。

可是，只有极少数人能够改变时代的大环境，绝大多数普通人能够影响的，无非是自己身边的小环境，婉容的悲剧更源于她自身性格，她控制不了自己的愤懑，也不知道怎样表达和疏导，最终被说不清楚的怒火吞没。

什么是"容易被激怒"？意思就是，面对同样一件事，有的人能管理好情绪，有的人却管理不好。

打个比方，早上上班遇到堵车，有人抱怨两句就过去了；有人在这几分钟听了一首歌，还挺开心；还有人"路怒症"一下就犯了，狂按喇叭，甚至还会超车、加塞。

回过头来看婉容，文绣跟她所处的环境几乎一样，但文绣能够整理清晰自己的情绪，没有像婉容一样从孤独变成生气，再变成嫉妒，最后转变成神经质和精神疾病。

从婉容身上，可以看到导致愤怒的两个最常见的原因，一个是恐惧，一个是压力。

婉容处理不好跟文绣的关系，动不动就吃醋，而且都是毫无理由的飞来横醋，很大程度来源于她内心的恐惧，她把文绣当成"假想敌"，害怕文绣取代自己的位置。

假如文绣同样易怒，那就糟糕了。好在文绣很安定，她知道矛盾的源头不在婉容，在于溥仪和宫廷制度，她当然也苦闷，但是她既没有抽大烟，也没有去自我折磨，文绣每天在宫里的安排是这样的：早上梳洗完毕先到溥仪寝殿问安，再到皇后和四位太妃寝宫依序请安，之后回到自己居住的长春宫关上宫门刺绣，或者教官女认字，她十四岁活得比人家四十岁还规律和佛系。

除了恐惧，长期积攒的压力也会导致愤怒。

婉容跟溥仪从结婚以来就是有名无实的夫妻，婉容在爱情上始终是缺失的。

但是同样，文绣跟婉容也在面对相同的状况，而且文绣的生存环境更不乐观——他们三个离开紫禁城之后，溥仪被废，成为平常老百姓，按照第一顺序，妻子自然是婉容，文绣作为曾经的皇妃，位置尴尬，既没有名分，还要承受婉容的挤对。

按常理，文绣的压力不是更大吗？文绣是怎么做的呢？

她清楚地知道不能把希望寄托在溥仪身上，于是毅然决然地选择跟溥仪离婚。中国历史上敢放弃皇帝的女人，千百年来只有她一个。她不是嘴上说说，而是请了三个最有名的律师，直接把离婚诉状递交到了法院——这件事在当时成了爆炸新闻，在历史上被称作"刀妃革命"，刀妃指的就是文绣。

这放在当年，得需要多大的勇气啊。

文绣的离婚对婉容而言，应该是一种提醒，即便和皇帝在一起婚姻不幸福，也还是有解决办法的。但是，婉容不愿放弃皇后的光环，选择继续忍受，依然把自己的生活和前途寄托在这个"丈夫"身上，可是溥仪连自己的人生都掌控不了，怎么可能保护她呢？

婉容看不清这一点，内心苦闷的情绪又不知道怎么排解，那怎么办呢？她变本加厉抽鸦片，和溥仪关系继续恶化，彻底毁坏了自己的健康，还有婚姻中原本已经很寡淡的情分。

排解愤怒情绪的四种有效方法

真正的愤怒管理并不是要让人去压抑自己的怒火，而是如何去认识愤怒的深层原因，学会用健康的、有建设性的方式来表达内心的不满。

我有一份管理愤怒的清单，有四点内容：

（1）及时观测愤怒信号。

（2）提高"情绪粒度"，重新描述自己的愤怒。

（3）警惕亲密关系当中，用发怒来索取关心的行为。

（4）用愤怒表明自己的底线和边界，达到保护自己的目的。

第一，及时观测愤怒的信号。

在愤怒情绪即将爆发前，我们的身体会给出一系列信号，嘴上不说，身体却很诚实。愤怒会激活大脑中的杏仁核，身体在杏仁核的驱动下超负荷运转，做好瞬间爆发的准备。

如果能察觉到身体上的愤怒信号，就可以在愤怒失控之前，有意识地去排解。比如，身体的反应包括：脸色涨红，有的人眼睛也会轻度充血；身体和手心出汗，心跳加速；全身肌肉紧绷，胃部也会有收紧的感觉；呼吸变快，鼻孔扩张。

当身体开始出现这些愤怒征兆的时候，大脑容易在冲动的状态下做出不理智的决策和行为，可以用一些小技巧先冷却一下愤怒的情绪——

1. 慢慢地从10倒数到0，在数的过程中，感受自己愤怒的身体反应。

2. 做几次深呼吸，慢速的深呼吸能够抵消感情的冲动。

3. 出去走两圈，把自己从当前的环境中解脱出去，分散一下注意力。

4. 拉伸一下因为愤怒而变得紧张的身体部位，活动一下颈肩，有助于让自己放松下来。

5. 愤怒有的时候来源于一些跟自己无关的事情，或是一些别有用心的人存心想要激怒你，你可以在心里问自己一句"这么生气，值得吗"，当你开始认真地思考这个问题时，也能有效地缓解一些愤怒的情绪。

第二，提高"情绪粒度"，重新描述自己的愤怒。

这是我在这几年中特别注重锻炼的能力，也是我觉得很好用的概念和方法。

一个人情绪体察能力是高还是低，其中一个标准就是ta的情绪词汇量是否丰富。

易怒的人，往往无法精准地识别和描述自己各种各样不同的情绪状态，有很多负面情绪和愤怒都"长得很像"，它们可能是恐惧、抑郁、沮丧、纠结、矛盾、难过等等。

之所以识别不了自己的不同情绪，是由于我们的"情绪粒度"低造成的。

"情绪粒度"是情绪专家席莉莎·费德曼·巴瑞特提出的概念，是指一个人区分并识别自己具体感受的能力，高情绪粒度的人对不同的事情会有不同的反应和解决措施，低情绪粒度的人对不同的事情往往只有一两种情绪。

情绪粒度高的人能分辨细微的情绪差别，比如说同样是惊讶，在他们的概念中分成吃惊、惊呆、震惊，以及惊吓、讶异等等。假如是个情绪粒度很高的人，他们跟另一半沟通自己的感觉，会用到很多词汇，比如："你这样做让我觉得很难过""你上午说的话，我觉得很沮丧""我们第一次约会去吃的那家餐厅，我现在每次去都感到很温馨""你刚才没有帮我讲话，我感到自己很无助"。

情绪粒度低的人呢，就没有这么多的情绪分层了，情绪对他们来说只是个很笼统的感受。比如说："我感觉特别糟糕""我的情绪很坏"。

他们在每一次感觉不好的时候，产生的都是相同的反应，不知道自己当下的情绪到底是什么，也不知道怎么解决。

这就很容易陷入被情绪控制的困境，让情绪左右自己的行为。他们可能会这样跟另一半说："你怎么这么过分？""你怎么能这样做？""你从来都没有考虑过我的感受！"对方一听这话，会满头雾水，心想："我又怎么惹你了？你为什么这么大火气？"长此以往，双方就会陷入恶性沟通的状态。

提高情绪粒度最直接的方法，就是学习新的情绪词汇。

你掌握的词汇细分得越精确，你的大脑就可以根据你遇到的情况，随时调用出更精准的情绪。比如，当你感到开心时，可以使用一些更具体更细分的情绪词汇，比如：狂喜、喜悦、振奋、备受鼓舞等等。当你感到不开心时，也不要只会用"难过"这个词来概括自己的情绪，还有气馁、沮丧、失望、失落、悲伤、伤感等等。

当我们的情绪词汇库足够丰富的时候，你就能更精准地构建和表达自己的体验。这个结论是有依据的，耶鲁大学情绪智能中心的一项研究显示，学校里的孩子学习更多的情绪概念之后，就能非常有效地改善自己的情绪管理能力。

还有一种提高情绪粒度的方法，是"拆分情绪法"，意思就是把情绪拆开，分析一下你的情绪都是由什么构成的。

很多女孩都很害怕蜘蛛，为了消除这种对蜘蛛的恐惧，科学家们就进行了一项研究，通过三种方法帮助人们克服对蜘蛛的恐惧——

第一种方法是认知重新评估法，让受测试的人用一种淡定的、平静的方式描述蜘蛛，告诉自己："我面前的这只蜘蛛很小，它是很安全的。"这种方法有点像是自我欺骗，所以它不怎么管用。

第二种方法是转移注意力法，让受测试的人在看到蜘蛛的时候，去想一些和蜘蛛无关的事情。但是，蜘蛛是客观存在于我们面前的，我们很难转移注意力，所以第二个方法也不太好用。

第三种方法就是拆分情绪法，让受测试的人拆分自己的情绪，比如："现在在我面前的这只蜘蛛长得很丑，样子让人恶心，我很害怕，但它似乎不会伤害我，而且它结的网很有趣。"

这种方法有效得多，因为它说得很诚实并且具体。

你很快就知道自己的害怕到底由哪几部分组成，便于把恐惧一个一个打破，这能够帮助人们克服对蜘蛛的恐惧和焦虑，而且持续时间很长。

"排解愤怒清单"的第三点，是要警惕亲密关系中用愤怒来索取关心的行为。

我经常收到一些读者的留言，说总是因为一点小事忍不住朝伴侣发火，甚至恶言相向，事后又很后悔，该怎么办？

亲密关系中有一种心理，叫"越爱ta就越想伤害ta"。比起更陌生的人，我们对最亲密、最接近的人更容易表现出攻击性，这种攻击不仅限于爱情，在亲子关系、兄弟姐妹、朋友之间都经常发生。

一种是直接攻击，表现出攻击性的语言和行为，包括发火、打闹、虐待等等，男性比女性更多地使用这种攻击方法。

另一种是间接攻击，比如散布谣言、毁掉对方心爱的东西、通过第三方来施加伤害等等。间接攻击的使用频率更大一点。

还有一种是被动型攻击，比如不回短信、不接电话，在事情发生时不出现，不对你的询问进行正面回答，等等。情侣之间的冷暴力就属于"被动型攻击"，这种攻击看起来是温和的，实际上也是一种情感控制的方式。

这是感情中的一种权力游戏，至少有一个人正在进行权力争夺，如果是两个人一起争夺权力，那就是火上浇油了。

你可能在普通同事、朋友面前是一个脾气很好的人，却偏偏很爱对自己亲密的人发火，主要有两个原因：

第一个原因是，我们对关系亲密的人的要求和对其他人不一样。比如，你可以接受同事放你鸽子，但如果男朋友看电影迟到了十分钟，你就会暴跳如雷。你在和同事吃饭的时候，可以接受他们点一些你不爱吃的菜，但如果伴侣点了你不爱吃的菜，你会立刻感到对方并不关心你，然后非常生气。

第二个原因是，我们认为这段关系是一个相对安全的领地，你可以肆无忌惮地表达自己的真实情绪。即便这个情绪是带有攻击性的，你也觉得不会对关系产生破坏。

实际上，亲密关系中所有因为愤怒而产生的攻击行为，都属于"权力斗争"，发泄愤怒的一方总是希望自己的要求能得到满足，意见会更受到重视，地位能更占上风，就像很多女生在被问到"为什么喜欢现在的伴侣"时，都会提到一个原因，那就是"他会包容我的坏脾气"。听上去非常浪漫啊，实际上，这种"一方发泄愤怒，一方包容愤怒"的状态，是非常危险的关系，因为你也不知道自己的愤怒最终有多大，对方的包容力到底有多强，这个底线一旦被打破，关系必然失衡。

说到这里可能打破了你对爱情的一些幻想。但现实的确是，心理承受能力再好的人，也不会愿意一直当一个接收愤怒的垃圾桶。用愤怒去索取关心，可能刚开始会被重视，但经常发作，就会成为透支亲密关系的毒药。

我刚刚说的三点内容，都是关于怎么识别愤怒、排解愤怒，其实愤怒也有它积极的一面，把愤怒用好了，它就能成为你有效的方法。

所以，管理愤怒的第四点，是用愤怒表明你的原则和底线。

每一种情绪都是价值观的表达，而愤怒是其中最有力的方式，人们用愤怒来划清边界，从而达到保护自己的目的。换句话说，愤怒可以亮出一个人的底线，而这些底线也是我们个人舒适区的边界，把这些边界拉到明面上，可以让他人清清楚楚地看到，不再触碰，最终为自己创造出一个舒适的人际环境。

我曾经有A和B两个同事。

A是个部门里的"好好先生"，很少生气，就算生气了也能马上消化掉，就算别人做得真的很过分，他也不发火。同事都看不下去了，他还会劝同事，说："对方也有难处，还是算了吧。"他总是压抑自己的情绪。

B则刚好相反，她是个脾气火爆的女孩，如果有人惹到她了，或是利益分配不公平，她会立刻反击，很明显地表达出自己的愤怒，甚至会做出一些比较过激的行为。但事后，她又会感到后悔，去跟当事人道歉。

根据描述，你觉得A和B谁处理愤怒的方法更恰当呢？

没错，都不恰当。

两个人都属于没有原则、个人边界不强的人。

A的做法是无限度地忍让，他的情绪字典里没有"愤怒"两个字，这会让人觉得他是个好说话、好欺负的同事，最终伤害的是自己的利益。

B的做法是一点小事就发火，让人摸不清她的怒点在哪，久而久之，在同事的眼里，她就成了个喜怒无常的火药桶。

我们应该怎样用愤怒表明自己的原则和边界呢？

第一，把愤怒情绪跟自己区分开，不要惧怕它，也不要站在它的对立面，而是把愤怒当成一种工具来看待，你要思考的是怎么才能最大化地开发愤怒情绪的价值。

第二，给你的愤怒设立规则，比如，哪些事是不能拿来开玩笑的，哪些事是必须要严肃警告的，哪些事是要通过愤怒来表明它的重要性的。只要你心中有这么一个尺度表，那么愤怒情绪只是你用来表明事情重要程度的一个手段，而不再是你单纯地发泄情绪。

所以，情绪能量高的人并不是不发火，而是他们心中都有这么个尺度表，以便更好地管理愤怒情绪。

我的建议：学会不被无关的人激怒

文绣的结局是怎样的呢？

婉容曾经痛恨的情敌文绣，离婚后恢复了傅玉芳的名字，在北平府佑街私立四存小学当国文和图画教师，她粉笔字写得好，嗓音清脆，课程讲解生动，深受学生喜欢。

可没多久，有人得知她就是和溥仪离婚的"皇妃"文绣，她顿时成为新闻人物，各大报纸争相报道，学校门口聚满来看"皇妃"热闹的人群，文绣不得不辞职。甚至，因为"皇妃"身份暴露，她租的房子也不能再住，只好拿出最后一笔钱，买下一处平房住下，专心学习国画，她沉浸在生活的寄托和乐趣中，对于那些以为她当过皇妃必定有很多家当的求婚者，一概拒绝。

1937年抗战爆发，文绣的生活日渐艰辛，不得不卖掉住宅另租房住，她曾经在家以糊纸盒挣钱度日，甚至去瓦工队当苦力，也在街头巷尾卖过香烟。

1947年，她嫁给忠厚的国民党少校刘振东，夫妻二人感情十分融洽。

1953年9月18日，文绣突发心肌梗死，在家中逝世，身边有爱她的丈夫刘振东。

关键在于，她在余生中能够按照自己的方式，自由地安排生活，她平时不发火，人生至关重要的那场火却发得恰到好处。

她没有把"愤怒"这种能量随意挥洒在不值得的小事上，而是积攒起来，鼓励自己完成了一项不可能的挑战，扭转了自己原本太难被改变的命运。

最后，再说一点点题外话。经常有人问我："筱懿姐，有人嘴特别欠，你背个包她说'男朋友买的吧？你也不像买得起的样子'，你升职了她说'家里有人帮你的吧'，你吃顿饭都问你'不怕长胖吗'，怎么办？怎么样一句话怼死她？"

我确实知道网上有很多一句话怼死人的教程，很过瘾，但我做不到，因为我反应不够快，也没那么多时间去怼一个闲人，万一她比我战斗力强呢？自己又被气半天，怎么办呢？我有一个小秘诀，送给和我一样善良但不好欺负的普通人。你就对着她热情、开朗、大方、真诚地笑起来，盯着她的眼睛笑十秒，然后走开，不要理她。

为什么这么做？第一，她希望看到你的情绪波动和反击，结果你没有，她已经落空了；第二，大多数语言威胁和口嗨都没有杀伤力，所以别说废话；第三，她水平低，你犯不着把自己拉低到她的水平。

最重要的是，人的情绪价值是很珍贵的，学会平静对待没有价值的挑衅，学会用微笑让自己先愉快起来，不再被对方的言行激怒，才能把时间花费到真正重要的事情中。就像稻盛和夫说的：我在10楼还能听到有人骂我，到100楼就完全听不见了。

当你和一个挑衅者完全不在一个水准，就再也见不到她了。

第三章

总是焦虑，怎么办？

不焦虑的活法，

就是把注意力集中在当下，

相信"现在"不错，"未来"也不会太差。

我爸爸是军人，妈妈是教师。

你看这个配置就知道我家有多保守。

小时候，父母对我有一条家训，就是我必须文文静静不能乱蹦乱跳，因为我爸妈说我心脏不好。中考那年体育加试，必须体育拿高分才能进重点高中，我以为我完蛋了，我爸却开心地说："你呀，心脏一点毛病没有，好好跑，加油哦。"

我就懵了："爸，你骗我这么多年为什么呢？"他说："因为女孩就应该有女孩的样子呀，乖巧听话是本分。"

那一年，我丢掉"本分"，用几乎满分的体育成绩考上重点高中，体育老师见到我爸，拍着他的肩膀说："老李，你太会潜伏了，家里还藏着个铁人三项的好苗子嘛。"

我出生在1978年，大多数同龄人都被教育过"女孩要有女孩的样子"，以至于我们从小就很焦虑：女孩应该是什么样子？我很不女人吗？我很不乖巧吗？为什么懂事的我好像总被社会"毒打"呢？我内心的需求是什么？为什么我总在配合别人的要求呢？

什么叫焦虑？

我看过最扼要的解释是：总为没发生的事情而担心和紧张。

什么叫正念？

我看过最简明的概念是：把注意力集中在当下。

假如要用一句话概括解决焦虑的方法，我会说：不焦虑的活法，就是把注意力集中在当下，相信"现在"不错，"未来"也不会太差。

在这个讲"焦虑"的章节，我请出一位完全不"乖巧"的女主角，她浑身槽点，遇到天大的问题却从不焦虑；她绝不是传统意义上的"淑女"，却活得很过瘾。

她就是美国作家玛格丽特·米切尔的小说《飘》的女主角：郝思嘉。

早已不再流行"完美女人"

　　《飘》以美国南北战争为背景，女主角郝思嘉用今天的话来说就是"爱情大户""情场老司机"，她凭借一己之力经历了爱情的所有形态——初恋、暗恋、单恋、闪婚、精神出轨、为钱结婚、抢亲妹妹男友等等。战争如火如荼，恋爱风生水起，她还顺手发展了事业，开了两个木材店，成为民营女企业家，可谓心理素质过硬，精力过人。

　　写这篇文章时，我重新翻看《飘》，更觉得郝思嘉这个角色非常神奇，不仅不是传统意义上的完美女主角，简直一堆毛病——任性、冲动，还有点虚荣和拜金。但是，即便缺点那么多，她依然是个充满吸引力的姑娘。

　　其实十年前，我要听到谁被称作"完美女人"肯定羡慕坏了，那说明她事业、家庭双丰收，平衡起来不费劲，夫妻恩爱，孩子乖巧，长辈慈祥，自己貌美如花。现在，谁再对我说某某是个完美女人，我会本能一激灵："你黑她吧？要不就是你俩真的不熟，你不知道她真实的样子。"

　　在我有限的经历中，我见过"人性的不可能三角"——财富、名气和权力都集中在一个人身上。但是，我没见过事业和家庭双丰收，还能把所有关系都处理到毫无瑕疵的"完美女人"，她们或多或少都有委屈、焦虑和别人看不见的烦恼。另外，我也见过一些被冠以"完美"名号的女人，真实的她们活得很紧绷，远远不如郝思嘉这种有缺点、有特点的女人轻松。

《男人来自火星，女人来自金星》这本书里说：男人和女人的思维模式，存在本质的不同。男性思维偏重于寻找方法，解决问题，然后达成目标；女性思维偏重于情感的表达和共鸣。郝思嘉之所以不焦虑，很大原因是她具备强烈的男性思维。

全书开篇，作者对郝思嘉有个细节描写："这位小姐脸上显然混杂着两种特质：一种是母亲给她的娇柔，一种是父亲给她的豪爽。"书中还多次用"倜傥"两个字来形容郝思嘉，她的做派和风格是非常洒脱、奔放的。

为了突出郝思嘉的男性思维，作者还特地找了个参照物——女二号梅兰妮："这两个女孩子的差别在于一种事实：梅兰妮趋奉男人，是诚心要男人得到快乐，哪怕只是暂时的快乐；郝思嘉则除了要达到自己的目的，是怎么也不肯巴结男人的。"

总结得非常精准。

不客气地说，我作为传统女孩从小接受的教育也和梅兰妮差不多：自己的需求不是第一位的，做自己不是最重要的，最重要的事情是成为好妻子、好妈妈、好女儿。

郝思嘉生活在战争年代，炮火纷飞和时局动荡没有给她多少"柔弱"的机会，她必须自己想办法解决问题才能生存，生活的倒逼让她表现出强悍的生命力。

郝思嘉的暗恋对象叫卫希礼，卫希礼的妻子就是梅兰妮，等于郝思嘉对卫希礼是一厢情愿的喜欢。卫希礼在上战场之前嘱咐郝思嘉替自己照顾梅兰妮。坦率地说，战时命运如蝼蚁，郝思嘉内心并不情愿，也完全可以做做样子，但她最终还是答应了，并且不辱使命。

当时南北战争进入决胜阶段，所有人都在逃命，郝思嘉接到父亲的信，妈妈和两个妹妹重病在身，老父亲不放心女儿一人在外，叫她赶紧回娘家，就在这时，梅兰妮临产了。一边是家人在催促自己回家，如果现在不回去，以后就很难走得掉了；另一边，是暗恋对象的老婆马上要生小孩，如果自己走了，梅兰妮就没人管，这么尴尬的局面怎么办呢？

一个人说了什么，远远没有她做了什么重要。

郝思嘉最终选择留下帮助梅兰妮生产，医生全部在前线救助伤员，她就亲自帮梅兰妮接生孩子。那时，郝思嘉自己二十岁不到，亲生儿子也很小，她要承受多大的心理压力才能做到这些，书里并没有详细描述。顺利接生之后，她连夜驾着马车，带梅兰妮还有刚出生的婴儿逃回家乡。

逃亡的路上，他们看到一头奶牛，一般人都会认为逃命要紧，郝思嘉却想："我要把奶牛牵回家，至少能给梅兰妮的孩子喂奶。"牵奶牛需要绳子，荒郊野外上哪儿找绳子呢？她脱下自己的贴身小马甲，扯烂了，拧成绳子，牵上奶牛，驾上马车，回到了老家。生死关头，她几次都没有只顾自己，而是先履行承诺，没有那个年代大多数女人的恐惧和自保，我每次看到这里都非常佩服她的冷静和胆识。

梅兰妮在全书中始终把郝思嘉当成至亲，哪怕流言议论郝思嘉和卫希礼有婚外情，梅兰妮也坚定地站出来维护她，有人说那是梅兰妮天性善良，我不完全同意，我觉得梅兰妮从内心里认定和郝思嘉有过命的交情，她俩才是真正的生死之交，郝思嘉是拼了命才把梅兰妮和孩子带到平安之地，这种被检验过的患难之交，和那些说风凉话的人，不是同一个量级。

为什么女人比男人容易焦虑

郝思嘉的老家陶乐庄园被战争摧毁成一片荒地，母亲病逝，父亲不久也去世了，两个妹妹依然是手无缚鸡之力的小姐，梅兰妮刚刚生产完不能劳作，全家的吃喝拉撒，全部压到郝思嘉身上。其实郝思嘉和大家一样，战争之前，她们都是庄园主的女儿，每天的正经生活就是谈谈恋爱、跳跳舞，谁都没有承担过生活的重压。

但是战争中，郝思嘉迅速接受现实，她带着妹妹们下地种粮食和蔬菜，想尽一切办法吃饱穿暖。甚至当一名高大凶悍的士兵路过陶乐庄园，准备入室抢劫时，郝思嘉想到家里还有那么多亲人，于是硬着头皮，亲手开枪打死了他。

战争、贫穷、亲人离世，这些灾难几乎是一瞬间压到郝思嘉身上，每一次面对重大选择或者危险，她也彷徨和害怕，这种心理状态和百分之九十九的女人一样非常真实，但是，她身上几乎看不到焦虑，她的情绪短平快，行动力也是短平快，她能很快从自己的情绪中走出，去做一件具体的事情，解决一个具体的问题，这种以"解决问题"为导向的思维模式，有效避免了焦虑。

其实，焦虑是一种很常见的情绪状态。

比如我有段时间一出差就焦虑，而当时因在全国开读者会必须高频次出差，焦虑很影响现场表现，怎么办呢？我把自己焦虑的原因做了个拆分：

第一，作息时间被打乱带来不适应；

第二，外地工作不如本地便捷，心理上畏难；

第三，担心陌生环境出现突发状况，自己没法应对。

拆解完了，我开始逐条解决：出差期间尽量保持和平时一样的作息时间，带上自己熟悉的枕巾和降噪耳机，保持睡眠质量；提前做好资料准备，做适量预演，和伙伴们讨论可能发生的意外状况，做好解决预案。

随着出差次数和读者会成功率的提升，以及有效的提前准备，我对出差的焦虑情绪很快缓解，甚至变得享受出差——途中带本自己喜欢的书籍，或者看一段平时没空看的综艺，或者深入思考最近的工作状况，或者想象一下现场将遇到怎样有意思的读者，我感觉到对未知的掌控感和期待感，而不再是恐惧和压力。

当我清晰客观地知道自己的需求和能力，又能够脚踏实地去行动时，焦虑就会减少。每当出现困扰时，明确困扰的来源究竟是什么，把困扰逐条量化，会让我们在迷雾中走向清晰，而清晰本身就会减轻焦虑。

于是我逐渐理解，"焦虑"其实是一种保护性反应，提醒我可能会遇到的困难和危险，我得自然而然地接受焦虑带来的情绪和身体反应，不逃避，不对抗，安静地感受自己的真实状态。当我转换了对待焦虑的态度，焦虑反而缓解了很多。

但是，当焦虑的严重程度和客观事件明显不符，或者持续时间过长，就变成了病理性焦虑，也叫作焦虑症，这就不能靠自愈，一定要寻求心理医生的帮助。

有一组临床数据显示，女性焦虑症的发病率大概是男性的两倍，尤其在十八岁到三十三岁的女性中更常见。为什么女人比男人更容易感到焦虑？

第一，心理特点。女性的心理特点与男性不同，女性通常对外貌、工作和婚姻比男性要求更高更细致，精细的要求更容易产生失落和担忧，遇到问题也容易设想比较坏的后果。

第二，家庭教育方式。女性在儿童期，父母往往要求她们顺从，相对忽略被"听话"这个表象掩盖的女孩内心真正的需求。这种内在需求使孩子处于自我意志与父母管教长期相悖的矛盾中，长大后更容易产生焦虑。也有些女孩被父母过度保护，性格和思想极其单纯，长大后遇到突发事件，儿童时期的印象会强烈地反射出来，使得成年女性更容易焦虑。

第三，社会因素。在人类社会进入父系时代之后，社会把女性纳入"从属"群体，既是保护也是约束，从属地位决定了她们的生活方式和考虑问题的方式，很难从自我出发，而把安全感寄托于他人（比如：父母、丈夫、子女等），因此很容易缺乏安全感，为生活担心。

此外，现代社会的女性一生中要担负工作、孕育、哺乳等多项责任，尤其怀孕和生产导致体内激素水平变化，产生焦虑情绪的概率也就水涨船高。焦虑状态达到一定程度，会出现集中而惊恐的发作，并且伴有躯体症状，比如长期头痛、咽不适、胃疼、气竭、胸闷、四肢疼痛等等。

有一次，我在黄山索道上乘缆车，上来一对八十多岁的老夫妻，所有人都不约而同冲着一位年轻女孩说：赶紧给老人家让座。女孩却红着脸拒绝了，她认真地说："爷爷奶奶，虽然外表看不出来，但我脚受了点伤，也特别累，我也需要坐着。"

后来我把自己的座位让给老年人，解了这个围——不是我特别高尚，而是当时我确实不累，我特别理解人累的时候一动都不想动的感受，而且，我不能忍受周围的传统好人用目光指责一个已经累到说不出话的女孩子。很坦诚地说，假如我累到不想动，我同样会婉言谢绝让座。尊老爱幼是传统美德，可我赞同很多时候，不要考虑太多"要不要"，去思考自己到底"想不想"，如果你不想，也大可不必勉强自己。

　　而女性在日常生活中，经常被别人的要求绑架，在"做"与"不做"之间取舍煎熬，变得焦虑。

"女性魅力"不仅仅是外貌优势

郝思嘉虽然具备男性思维，但她无论外形还是心理，都非常注重施展自己的外貌优势。

小说的开头交代，郝思嘉是舞会、交际和恋爱场上最受欢迎的姑娘，她知道什么颜色和款式的衣服最衬托自己，怎样说话最动听，什么角度笑起来最迷人，怎样拒绝追求者既坚决又不得罪人。但是，这是真正的女性魅力吗？我认为不是，这是女性在必须依附男性的年代，学会的取悦男人的方式，而且这种方式能让她们获得巨大的利益。

郝思嘉很擅长这种"女性魅力"。

当然，她发挥魅力，都是为了解决实际问题，甚至在解决问题时，还带着不择手段的勇猛。

让我们回到故事里。

在南北战争的后半段，南方庄园主的土地要以极低的价格被出售，如果郝思嘉希望保住陶乐庄园的土地，就得缴纳三百块钱税款。这对她来说是一笔巨款，她肯定没有这么多钱，但是把家园卖了更不可能，一家老小十来口人的生活怎么办？思来想去，郝思嘉决定去借钱。

她先去找了卫希礼。卫希礼是旧时代的绅士，他的生活方式和新时期格格不入，他热爱看书、写诗，没有解决现实问题的能力，

"筹三百块钱"这件事对于卫希礼来说，很显然是道超纲题，他做不了。

郝思嘉被浇了冷水，迅速启动第二套方案，说起来很可笑，就是找一个财力雄厚的备胎结婚，毕竟在一百五十年前，绝大多数女性没有工作权利和能力，她除了这个方法似乎也没有更好的办法。在这里，这个备胎就是白瑞德船长。白瑞德是个富裕的投机商人，也是这本书的男主角，郝思嘉认为即使去借钱，也不能衣着太落魄，不能让对方看不起。于是，她拆掉家里的绿丝绒窗帘，自己设计制作了一件华丽的衣服，真是非常有才华。郝思嘉穿着这套窗帘改成的绿丝绒礼服，很惊艳，因为书里写她的眼睛也是绿色的，这个姑娘确实很懂搭配。

白瑞德当时正在坐牢，一眼看穿郝思嘉是打着结婚的名义借钱，也拒绝了她。

第二次失败后，郝思嘉不认输，继续启动第三套方案——和甘扶澜结婚。

交代一下这位甘扶澜，他是郝思嘉妹妹苏伦的未婚夫，也是个商人，经营着一家商店，手头恰好有这笔钱。

的确，抢妹妹的男朋友不对。但是，假如做个换位思考，全家的吃喝拉撒需要郝思嘉照管，如果没有这笔钱救急，一家人可能连住的地方都要失去，郝思嘉有没有其他选择？

我认为很难。

郝思嘉确实拆散了妹妹和未婚夫的婚姻，同时，她也牺牲了自己的个人感情，为了拯救陶乐庄园，为了支付全家人的开销。郝思嘉从来不爱甘扶澜却决定嫁给对方，在她心里，家园意味着一切，以婚姻换取家园，在她看来是责任和义务。

再换个角度看甘扶澜，他与郝思嘉交往仅仅两个礼拜就决定娶她，至少存在两个问题：第一，他对郝思嘉的妹妹感情不深；第二，他沉迷于郝思嘉刻意施展的勾引。

这次婚姻让郝思嘉保住了陶乐庄园，又顺势接管了甘扶澜的木材店铺，出色的经商头脑和钻政策空子并行，她不断扩大生意规模，又开了一家锯木厂。她赚来的钱大部分寄回陶乐庄园供养家人，以及购买生产用品，还寄给一些因战争而变得一无所有的亲戚，诸如姑妈和姨妈等等。这个阶段的郝思嘉努力工作，几乎没有个人的享受而供养全家，这种状态一直到甘扶澜死后，她再嫁给白瑞德才告一段落。

利用外貌优势，取代相貌普通的妹妹嫁给原本是自己妹夫的甘扶澜，是郝思嘉人生中最被诟病的经历——即便我能理解当时的女性除了外貌和出身优势之外，很难有其他谋生方法，也认为这次她做过头了。

和甘扶澜结婚之后，郝思嘉立刻展现出性格本色："一切反应完全变成男性的了……她的声音变得干脆了，坚决了，而且凡事都会立刻下决心，再没有一点做女孩子的优柔态度了。她知道自己需要什么，而且对于自己需要的东西，会像一个男人一样，用最简洁的途径去追求它。"

现实生活中，如果哪个女孩把女性魅力仅仅理解成"外貌优势"，大概率会陷入"容貌焦虑"。

在放大颜值作用的环境下，一个女孩可能会对自己的外貌感到自卑，也会随着时间的流逝，对衰老产生恐惧。

读完《飘》这本小说，我印象最深刻的不是郝思嘉十七寸的腰围，而是她在战争中的生命力，在田野里劳作的辛苦，在时代变化中的勇敢，所以，我想请你看一看她这样一个浑身缺点却依然被很多人喜欢的女主角，她成为经典绝不只是因为漂亮，旺盛的生命力、不达目标誓不罢休的决绝、敢作敢为的坚强，才是她被记住的特点。

所以，女性的魅力从来不仅是外貌优势，任何人都无法永远保持青春，但我们可以始终维持内心的积极。

假如我们不恐惧衰老，衰老就拿我们没有办法，容貌焦虑就会失去力量。

尊重自己内心的感受

如果一个人敢于正视和满足自己的需求，同样能够避免陷入焦虑情绪。

郝思嘉是个很敢袒露自我的女人，她从来不惧怕言行出格，她想说什么、想做什么，基本都是按照自己的意愿，包括她的婚姻经历在当时也被看作离经叛道。

郝思嘉经历过三段婚姻和一段单恋——

第一次结婚，是在美国南北战争开始之前，她接受了韩查理的求婚，这次是闪婚，为了跟卫希礼赌气，因为对方拒绝了自己的示爱，而嫁给卫希礼的妻子梅兰妮的哥哥，成为卫希礼夫妇的嫂子，结果战争没打完，韩查理就战死了。

第二次结婚是和甘扶澜，也是闪婚，她为了挽救陶乐庄园。

第三次结婚是和白瑞德，没有持续几年，因为她对卫希礼念念不忘，加上女儿去世，导致白瑞德离家出走。

郝思嘉的一段单恋，是和梅兰妮的丈夫卫希礼。

这是郝思嘉完整的感情线，充满了不成熟和冲动，她有两次婚姻的开始和结束都与卫希礼有关，在这部小说的绝大多数时间中，她一直暗恋着卫希礼。按照她务实的性格，似乎应该选择经济和情感上对自己更有利的男性，但她不这么想，她爱一个人、做一件事都听从自己内心的真实声音，即使这个选择带来伤害，她也接受。

所以，"尊重自己内心的感受"是一件难度极大的事情，更包含了：你要直面自己的缺点，你要去承受自己每一个错误决定带来的后果。

郝思嘉在感情上真实，在事业中同样如此。

在她所处的年代，家庭主妇的主要职责是相夫教子，不能抛头露面，更别说做生意。

郝思嘉是个异类，她每天自己驾驶马车，跑客户、谈工作，像男人一样奔波和赚钱，很多人对她不满，议论她，排斥她，甚至她只有梅兰妮这一个真正的女性朋友。

这与我们今天的职场像不像？很多女性面临同样的困境——跟大多数人同步，很憋屈；走得太快，又担心被质疑。当全职妈妈，担心落伍；全力搞事业，担心被叫作失职妈妈。总是不太敢于开足马力，表现自己真正的实力。

对于不受人待见这件事，郝思嘉曾经很苦恼，于是向白瑞德倾诉，白瑞德告诉她："你现在，就只有两条路可走：一条是照你现在这样去挣钱，那你就要到处看人家的冷面孔；还有一条是忍耐你的贫穷，保持柔顺，那你就有很多很多的朋友了。"

白瑞德说的是大实话，一百五十年前的确容纳不下"事业女性"。郝思嘉想了想，回答："我不愿贫穷。"

白瑞德说："那你就只有选择第一条路了，但是这个选择要付出代价，代价就是寂寞。"

郝思嘉最终想明白，既然无法兼顾，就只能做出选择，尊重自己最真实的感受，屏蔽掉周围无关的声音。

她对自己说"Tomorrow is another day"，永远充满希望，永远不放弃，永远保持翻篇的能力。

这份勇敢，是她作为女主角真正的光环。

我的建议：不要活成"过度无私"的人

2021年，有一部让我印象深刻的电影叫《我的姐姐》，故事没有很复杂，却是一个哈姆雷特式的两难问题。

姐姐安然生在一个重男轻女的家庭，小时候父母为了生二胎开证明，还让她装过瘸子。上大学填了北京的临床医学，被父亲偷偷改成附近的护理专业，只为让她早点出来挣钱顾家。安然和家里闹翻，自己负担了学费和生活费，毕业后一边工作一边考研，只想着有一天能考去北京实现理想，这期间，父母也因为开放二孩政策，如愿有了儿子。

突来一场车祸，父母双双离世。只剩下安然和她没见过几次面的陌生弟弟，所以安然面对的，是一个选择"未来"，还是选择"弟弟"的人生难题。

一开始，无论亲戚们如何以"长姐如母"要求她养育弟弟，像个刺猬一样的安然都断然拒绝；而在为弟弟寻找领养家庭的等待中，姐弟俩的日常相处却让安然变得温柔，感受到了亲情的温暖。好在，这部电影的结局是开放式的，因为谁也没有办法为安然做出这个决定，而电影之外，每个观众都会有自己的答案。

整部电影里，最让人心疼的是安然的"姑妈"这个角色，一个被"姐姐"的身份毁掉一生的市井女人。

"姑妈"上学时考上俄语系的本科，明明弟弟只考上中专，作为姐姐，她还是失去了家里唯一的上学机会，一个月拿四五十块，要给弟弟十几块；她想趁着年轻搏一搏，跟人去俄罗斯做生意，刚出国家里就来电话，弟弟家生了孩子催她回来帮忙带；她不但帮着带大安然，要不是自己过得窘迫，心有余而力不足，还会义无反顾地接着抚养去世弟弟的儿子。

姑妈养了一对不成器的儿女，顾着一个瘫痪在床的丈夫，只能靠一个小卖部维持生计。

姑妈一辈子都在充当着家庭里最没有存在感的顶梁柱，日复一日消耗着自己的人生。

女儿气她："咋有你这么无私的人哦。你命不苦谁苦？"安然对姑妈说："无私奉献是需要天赋的，我没有这种天赋。"

姑妈已经习惯于"我是姐姐，从生下来那天就是，一直都是"，但依然会留着俄罗斯买来的那几个套娃，记得年轻时学会的几句俄语。

那是她人生梦想唯一残存的痕迹。

在传统家庭中，说起无私奉献和付出牺牲，首先想到的都是女性。当这些"赞美"被推向神坛，被一再地标榜，就成了女性难以摆脱的桎梏，直到奉献和牺牲成了理所当然的"任务"。

《厌女》的作者上野千鹤子说："'爱'，很大程度上就是女性为了调动自己的能量，将丈夫的目的当作自己的目的的一种机制。'母性'是女性为了极力克制自我需求，通过引发自我献身和牺牲精神，将孩子的成长看作自己的幸福的一种机制。"

很多年以来，仿佛女性的世界里就该这样：有丈夫，有孩子，有家族，没有自己。否则，就被认定为自私。

要么无私，要么自私？可是作为女性，真的不要老把自己架在牺牲和奉献的位置上，因为绝大多数时候，只有先照顾好自己，才是解决一切事情的根本。

我也曾有过类似的经历。

2014年离婚之后，我没能争取到女儿的抚养权，在外人看来，这样一个女人，可不就得过着每天以泪洗面思念女儿的日子？但是我没有。

我极度思念女儿，甚至在原来的小区租了一套房子，为了在她幼儿园做早操时隔着铁栏杆偷偷看看她。但是，我很清楚有大把的事情等着我去做，尤其当时经济状况不太好，原本在报社的工作又面临很大冲击，我每天四点四十五起床写书、写公号文。每当深夜想念女儿流泪失眠时，我就对自己说："李筱懿，请你不要焦虑，请你立刻睡觉，不然会影响第二天的节奏，而且你的眼泪没有实际的作用。"

我心里清楚，就算再怎么表现得苦兮兮，也不能解决任何问题。周围也有关心涌来，多少都带着一些暗戳戳的指责："感觉你很忙啊，多久没有去看孩子了？每次会陪她多长时间？"……我老老实实回答自己很忙，别人于是带着"啧啧"的叹气离去。

情况逐渐扭转，是在我事业慢慢有了起色，甚至逐渐走向所谓世俗意义的"成功"之后。当然不是因为我身为母亲的无私奉献，而是大多数人看到了，我不需要一个苦情人设，我有实力掌控自己的生活。

在和女儿相处时，我不会扮演一个"事业忙碌无法兼顾亲情"的苦情妈妈，有时我们各忙各的，她会突然跑过来抗议："你为什么还在处理工作，为什么不陪我玩？"我就说："当你专心画画和看动画片时，不是也不理我吗？"

我特别同意一句话："你希望孩子成为什么样的人，你自己先成为什么样的人。"

我从来都平衡不好事业和家庭，被问到时我也不尴尬，我确实努力了，但是现阶段就是做不到，所以我也不在乎别人的评价。因为摆出死猪不怕开水烫的样子，别人反而不唠叨我了。

我心里清楚，如果面临生死选择，我一定毫不犹豫把生存的机会留给女儿。

但是，日常解决问题时，我会把自己放在第一位：因为我好了，孩子才会更好。

心理学家弗洛伊德曾经提出"情绪的水位"概念："每个人的情绪就像一座水库，当负面情绪水位累积到警戒线就会爆发。"所以，我们不要在面子上活得过度无私，而让自己的内心积累那么多委屈，委屈的人最需要做的，不是跟别人和解，而是跟自己和解，照顾自己的情绪。咽不下的憋屈就告诉对方，不想做的事情就拒绝对方，及时调节，相互碰撞，才能疏通焦虑的情绪，打开关系的死结。

《飘》的女主角郝思嘉远远不是完美主角，却拥有那么多读者的喜欢，因为大家会把"做自己"的向往，寄托在一个"勇敢"的女主角身上，看着她犯错和跌倒，又自省和纠错，跌跌撞撞一路向前。

第四章

选择困难，怎么办？

我们需要知道，很少有"终极选择"，

大多数选择都可以调整、修改甚至推翻重来。

明白这些，面对选择时就不会那么纠结，

好像面对人生只有一次的机会，错了就完蛋了。

曾经，我是严重的选择困难症患者，并发症是"完美主义"和"强迫症"。

　　能五分钟决定的事，我总要想：等等，是不是还有更好的答案？

　　能一小时决定的事，我总要想：不着急，还有时间再看看。

　　能一天决定的事，我总要想：这是大事，不可以草率。

　　后来，我发现这种翻来覆去的思考只是简单重复的劳动，三天的考虑未必比三小时更精准和慎重，反而在百般纠结之后，我做出很多后来被印证是错误的选择。这种状况严重影响工作和生活，我开始强制自己改变"选择困难"的状态，努力不去纠结。这一章，是我在改变过程中的思路和方法。

　　我选了自己很喜欢的一本小说，亦舒的代表作《喜宝》的女主角做案例，还原女性面临人生中最艰难抉择时的心态和过程。

　　《喜宝》中有一道选择题："我一直希望得到很多爱。如果没有爱，很多钱也是好的。如果两者都没有，我还有健康。"

　　这句广为流传的话来自小说的女主角，姜喜宝。

　　小说出版于1979年，流行了四十多年，讲述剑桥法学院高材生姜喜宝成为富商情人的经历。"姜喜宝"这个角色自从被创造出来的那一天起就充满争议，有人说她堕落，有人说她拜金，作者亦舒把爱情和金钱的关系描绘得既残酷又真实。

　　生活中，我们也常常面临无法兼顾的选择，只不过大多数时候没有意识到其中的残酷。比如：有一份年薪很高、机会很好的工作摆在你面前，但是，你的伴侣在另一个城市，他希望你去他的城市一起开始新生活，怎么办？是选择好前程，还是选择去伴侣所在的城市从零开始？

再比如：作为独生女的你在北京辛苦并快乐地工作，按照节奏估计一辈子也买不到房，于是父母希望你回到三线城市的家乡，那里有房子、车子和亲情，还有相对容易的工作和生活，怎么选？

这些都是非常实际的问题，那么，我们到底该怎样在资源贫乏时做出更好的选择？怎样抓住机会？怎样做出眼光更长远的决定？多年后我们是否后悔当初的决断？

金钱和爱情，怎样选择

　　故事发生在1978年的中国香港，女主角姜喜宝是个学霸，就读于英国剑桥大学三一学院，她受过良好教育，做事冷静理性，打算从剑桥毕业之后进入英国皇家律师协会，成为叱咤风云的大律师。

　　理想很丰满，现实却很骨感：喜宝出生于单亲家庭，父亲是个败尽家产的浪荡子，在喜宝刚会走路时，父母就离了婚，母女相依为命。

　　母亲姜咏丽薪水微薄，却努力保持脸面——没有钱买熨斗，她用搪瓷杯装开水，把衣服熨得平平整整；为了给女儿买一只同龄人都有的洋娃娃，她宁愿加班；家里的钱只够交煤气费，她宁可冒着断煤气的危险，也要拿仅剩的一点钱去买漂亮的裙子给喜宝穿；为了让喜宝进入好学校，她省吃俭用托了无数关系，但学校开销很大，她经常放下身段、硬着头皮找亲友讨要旧书本。

　　喜宝从小过的这种"体面"生活，其实是"必须精心维持，才能不露破绽"，妈妈和她假装的那种人，就是她们梦寐以求希望进入的阶层，生活在这样家庭中的喜宝，比一般孩子更懂得夹缝求生，也更擅长为自己争取机会。

　　去英国，就是她们母女赌上的第一把。

　　姜咏丽在一家航空公司上班，她把公司奖励自己的福利换成了一张去往伦敦的单程机票，拿出仅有的三千港币积蓄一并交给喜宝，对她说："好歹去一阵子，算是镀过金留过学的。"至于上什么学校、在异国要怎么生活下去，姜咏丽已经没有能力去操心，她只能拼上自己全部身家助推女儿一把。如果是普通女孩，多半不敢去英国，因为生活和学业完全要靠自己争取，风险太大。

喜宝没有任何社会资源，这张机票是仅有的向上攀爬契机，她毫不犹豫选择抓住，她在英国一边打工一边复习，考上了剑桥，在剑桥第一年的学费和生活费由她的男朋友韩国泰负担，他是一位唐人街的调酒师。

小说的开头，就是从这里开始。

二十一岁的喜宝几乎身无分文，从伦敦回到香港，下学期的学费和生活费完全没有着落，母亲姜咏丽自己要远嫁澳大利亚，在香港租住的房子面临到期。喜宝在飞机上偶遇富家千金勖聪慧，一个典型的白富美，保持着与年龄不相称的单纯，她在邻座看一本《爱眉小札》，这是新月派诗人徐志摩写给妻子陆小曼的诗集；而喜宝读的是现实主义作家欧·亨利的小说，从手中的书就能看出，两个女孩是截然相反的类型。

喜宝在聊天之后猜测，勖聪慧一定来自一个好家庭。为什么呢？作者亦舒犀利地说："好家庭的孩子多数天真得离谱的。"实际情况正如喜宝预料，两人才见一面，勖聪慧就热情邀请喜宝参加自己的订婚宴，而且一个劲儿地撮合喜宝和自己的哥哥勖聪恕恋爱。

由此，喜宝认识了勖家的所有成员——资产雄厚的男主人勖存姿、富态富贵的勖太太、长子勖聪恕，还有勖聪慧的未婚夫宋家明。家宴上，勖家父子都对喜宝青睐有加，勖存姿当天就向喜宝展开追求，并且在第一次约会就提出了用金钱置换青春的交易。喜宝觉得受到了侮辱，立刻叫车离开。但是，当她坐在车里想到下学年的学费和生活费，想到母亲再婚后没有别人可以指望，现实问题似乎容不下她的骨气和自尊，最终，她选择成为勖存姿的情人。

起初，喜宝只是希望勖存姿可以替她支付学费，让她生活稳定地从剑桥毕业，然后她就立刻摆脱这种生活。但是，勖存姿对她太周到：为她在学校附近准备了一套有玫瑰花园的洋房，一辆赞臣希利的车——这个品牌的车现在已经绝版了，还有英国管家和女佣，衣柜里挂满各式各样的衣服，书房的抽屉里码着整整齐齐的英镑。喜宝这时想的是，自己要把书单里所有的参考书都买下来，再也不用去大众图书馆借书了。

　　其实，到了这个阶段，她仍然有从金钱中抽身而出的权利。但是，当她发现勖存姿的资产完全超过想象——这个六十多岁的生意人，风度翩翩，深不可测，他在剑桥有一个私人机场、六架私人飞机，在世界各地都有生意和房产。喜宝再也抵抗不住金钱的诱惑，她立志一定要让自己的名字出现在勖存姿的遗嘱里。

　　于是，在爱情和金钱的天平上，喜宝一步接着一步，在金钱这一端越陷越深。

　　勖存姿欣赏喜宝，因为她身上具备自己子女们缺乏的强悍生命力，这也是喜宝从现实生活中磨炼出来的能量。勖存姿不仅出手大方，而且像长辈一样指导喜宝的学业和生活，喜宝每周给勖存姿写信，事无巨细讲述自己的日常，连成绩单都会寄给勖存姿看。勖存姿即便生意再忙，每次都亲笔回信，教她如何为人处世。只是，从来没有免费的午餐，勖存姿把她照顾妥帖，也要求对她拥有绝对的控制。

　　喜宝发现，尽管勖存姿大半年才来一次剑桥，但她的一举一动都被牢牢地监视着，勖存姿调查了喜宝父母的所有信息，甚至对她在男生宿舍度过的一晚也了如指掌。虽然愤怒，喜宝最终屈服了，或者说，屈服于勖存姿的金钱。她在物质上得到了极大满足，变故也随之而来，她失去了挚爱的人——剑桥大学物理系教授，一个名叫汉斯的德国人，他和喜宝两情相悦，喜宝跟汉斯偷偷地约会，亲手为他做甜点，甚至想要为了他离开勖存姿。

这是喜宝这么多年来唯一一次打算为了爱情而放弃金钱。但是，勖存姿知道后精心设计了一场打猎活动，亲手枪杀了汉斯，然后找人顶替自己坐牢。

汉斯的死，让喜宝彻底崩溃。从此之后，她不再认真学习，而是酗酒、办沙龙，麻木地活着。

几年之后，勖存姿去世，给喜宝留下了无数财产，包括股份、基金、房产。多到什么地步呢？律师建议喜宝，下半辈子应该致力于花钱，因为光是每天收到的利息都很难花完。

小说写到这里，喜宝似乎已经实现了自己的愿望，她坐拥巨额财富，但是精神已经被金钱的力量摧毁，只剩寂寞。普通人难以理解：为什么有了那么多钱，还不快乐呢？作者亦舒在小说里用一句话点破了这个问题："什么也不必追求的生活，根本不是生活。"

喜宝说："自小到大，我只知道钱的好处。我忘记计算一样，我忘了我也是一个人，我也有感情。"她开始重新和别人约会，那些各行各业的精英或者钻石王老五，他们带着各种各样的目的靠近她，但喜宝很难再去忍受这些精于算计的男人，但是纯粹的男人又去哪里寻找？或者怎样判断男人不是为了金钱而接近自己？

拥有财富之后，她失去了爱的能力，她希望重新平衡金钱和爱情的关系，可是已经太迟。

哪些是可以放弃的选项

这本小说让喜宝成为"坏女孩"的代表，她拜金、现实，永远知道为自己争取更多。她从小尝尽艰辛，明白金钱的重要，因此认定世间一切都可以成为交易。她干脆利落地在金钱和爱情之间做选择，就算付出的代价难以承受，也从未怨天尤人，她说："社会没有对不起我，这是我自己的决定。"

可是，她后悔吗？是的，她最后依然后悔，得到金钱又开始幻想自己没有选择的那种生活——"嫁给一个小职员，生几个孩子，在忙碌和喧闹中度过一生"——或许也会乐在其中。

只是后悔无用，人的选择不可逆，即便她当时选择了爱情，依然可能在某个瞬间后悔，想象自己被金钱包围的生活。

作者亦舒把一个女孩的经历写得清醒而克制，没有批判，没有褒贬，仅仅在记录。同时亦舒也在思考：女性在资源贫乏时，该怎样平衡"金钱"和"爱情"？

每一个人都有不同答案，即使同一个人在不同阶段也会有不一样的选择。亦舒自己在一篇名叫《一条路》的散文当中写道："连我这样年纪的人，都认为女性其实只有一条路可走，那就是先搞身心经济独立，然后才决定是否要成家立室，希望工作可与家庭并重。"她认为金钱和爱情本身就是一个相辅相成的关系，两者都很重要，缺了哪一个人生都不完整，只有自己先磨炼出自立的能力和本领，才能平衡两者之间的关系。

和作者亦舒的选择不同，喜宝，其实是逐渐放弃了自己去磨炼自立能力的机会，放弃了一些对别人来讲特别重要的东西。

到底哪些是可以放弃的选项？每个人的选择都不一样。有些人可以放弃尊严，有些人可以放弃爱情，有些人可以放弃真诚、亲情、健康、快乐等等。

我们必须知道自己的底线是什么，这是做选择的前提。

小说当中，喜宝有两次大的人生突破。

第一次，是拿着单程机票去往英国，实现了留学的目标。

如果是其他年轻女孩，多半觉得这样做不够稳妥。单程机票，有去无回，到了英国住哪儿、怎么生活、怎么考学校，处处都是难题。喜宝也完全可以找一份普通工作，波澜不惊地度过一生，然而，她是一个极其不满足于现状的人，她说："我的要求比这个要高很多呢。"这也很正常，谁不希望自己拥有更好的未来呢？

可是，对于当时的她而言，现实没有留下上升的空间和资本，她只有睁大眼睛观察机会的降临，然后毫不犹豫地抓住。因此，当母亲把单程机票交给她，她觉得这是个千载难逢的机会，于是抛开所有风险，义无反顾地去了英国。

到了英国，因为缺少准备，不可能一下考上剑桥，于是她给自己降低预期，先读一间不太出名的秘书学校，半工半读，再加上男朋友——唐人街的调酒师韩国泰——会补贴她一些学费和生活费，这么拼拼凑凑，竟然真的一路念到了剑桥。

这种执拗的生命力不是一般女孩所能具备的，除了考上剑桥的智商，还有孤注一掷的勇气、抓住机会决不放弃的蛮横，以及随时能够放低的姿态——这些特质是优点还是缺点呢？我觉得很难评价，算是姜喜宝的特点吧。

所以，当她问勖存姿"为什么选中我"的时候，勖存姿十分坦率地说："因为你的倔强，我喜欢生命力强的人。"

第二次选择，是接受勖存姿的"资助"。

考上剑桥不代表从此走上人生巅峰，喜宝面临没钱交学费的困境，母亲又要远嫁澳洲，谁也帮不了她。这时勖存姿出现，提出要"资助"她，喜宝出于本能的自尊先是拒绝，书里是这样写的："理应拒绝的。少女要有少女的自尊。"但转念一想，如果只考虑现在的尊严，那么自己将立刻陷入现实的困境，简短的思索和权衡之后，她又接受了"资助"。

在绝大多数人看来，这都是很拜金的行为。但是，至少在一开始，喜宝不是单纯为了钱，而是为了顺利完成学业，在她内心的排名里，学业排在第一位，比任何东西都重要，完成学业拿到文凭就是她的目标，而且是第一目标，为了这个目标，她可以牺牲一部分爱情，甚至是尊严。

喜宝的选择是对是错，作者亦舒没有评价，绝大多数女孩都会有的顾虑，比如"别人会怎么看待我""万一失败了怎么办""万一我做不好怎么办""我从此就是个坏女孩了吧"……这些念头喜宝通通没有，为什么呢？

接着往下看。

怎样兼顾长期利益和短期利益

"选择"其实是个衡量利弊的过程，所以，我引入四个经济学中的概念。

第一个概念，是"成本"。

它是进行生产经营活动或者为达到一定目的，必须耗费的资源。在经济学里，资源会以货币的形式呈现；在生活里，也可以理解为做出某种选择必须付出的代价。

比如，喜宝选择做勖存姿的情人换取学费，她付出的成本就是：爱情、生活自由，甚至包括思想自由。

第二个概念，是"机会成本"。

它是指为了获得某种东西，而必须放弃的另外一些物品的最大价值。

它提醒我们，被忽略的选择很可能才是最贵重的，永远不能占尽所有好处。做选择时抛出硬币的某一面，但不会知道被掩盖的另外一面，它未来的样子是什么，是比我们现在的选择更好还是更差。

比如，喜宝选择做勖存姿的情人换取学费，她付出的"机会成本"就是：假如不做情人，而是自食其力工作，寻找其他的爱情，保持生活的自由和尊严，会不会比现在更好？尤其是过了五年十年再来看，会不会"拒绝资助"才是更好的选择？

夜深人静时，或许一个声音经常冒出来问自己：我现在做的事，真的是最优质的选择吗？能力更强的人看似自由，其实由于机会更多，机会成本更高，反而更受限制，做出决断时要考虑的内容更多；而走投无路的人，正是因为没有选择，所以不必纠结，必须抓住眼前的救命稻草。

在喜宝眼里，勖存姿就是她困顿生活中的救命稻草，她没有考虑到是否还有其他选择。

第三个概念，是"沉没成本"。

它是指过去的决策造成的已经产生了的、无法挽回的成本。人们决定是否去做一件事情的时候，不仅考虑这件事对自己有没有益处，也会同时考虑过去已经在这件事情上有过的投入，我们把这些已经发生却不可收回的支出，比如时间、金钱、精力、感情等等，称为"沉没成本"。

生活里到处都埋伏着沉没成本的陷阱，小到看了一半发现是烂片却又心疼票价的电影，大到一份鸡肋但是已经磨合了好几年的工作，或者是一个已经不爱但是相处了太久的恋人。

我理解的"沉没成本"，是每个人终其一生必须做出的"断舍离"，为某件事付出的时间和精力越多，沉没成本就会越高，判断"哪些该留该珍惜，哪些该断臂止损"的难度就越大。可是，走过的路、吃过的苦、圈好的地、获得的名誉、认识的关系、积累的财产，只要不是处于活跃的发展状态，都是我们可以考虑暂时放下的东西，只有擅长断舍离沉没成本，才能不被过去绑架，才能赢得更好的未来。

回到喜宝的经历，当勖存姿去世后，喜宝脱离了他的控制，获得了足够的财富和人生，她所有的过去都已经成为"沉没成本"，也没有了生存问题，她的爱情和生活其实都有重启的机会。但是，她已经沉浸在过去的生活模式中无法自拔，没办法开始新生活了，也就是她深深地陷入"沉没成本"中。

第四个概念，是"边际成本"，它非常重要却比较难以理解，我尝试用最通俗的语言解释清楚。

是否存在不后悔的选择

"边际成本"，简单来说就是额外多生产一个产品，所要付出的成本；它还有一些延伸概念，比如"边际收入"，就是多卖出一个产品所新增得到的收入；"边际产量"就是多做一个单位的投入所能得到的新增产量；"边际效用"就是多消费一个单位的商品所带来的新增享受。

边际成本、边际收益经常用来理解商品的打折、生产线增加产量等现象。例如：中国的人口基数足够大，一个APP做出来，服务一万人的成本和服务一百万人的成本差不多，规模越大收入越高，所以它的边际成本就会越来越小，甚至趋向于"零"。

再例如：飞机起飞后就会对没有卖出的商务舱做降价，鼓励普通舱位的人花比较少的钱升舱到商务舱，为什么呢？

因为商务舱空着也是空着，如果有乘客愿意升舱，这笔新增加的升舱费用就成为机组的净利润——所有的新增收入等于净利润，这个太有魅力了。

我们每一个人都要问自己，我现在做的事情，有没有对未来产生持续久远的良好影响。如果没有，我们可能正在浪费宝贵的时间，哪怕每天看上去都很忙碌，哪怕暂时解决了眼前的困难，有些选择貌似拯救了现在，但是却最终死在了未来。

边际成本这个系列概念，特别考验人的综合协调能力，也让我想起一段感触很深的往事。

我的一位老朋友，在曾经人人羡慕的媒体工作十五年，一把手换了五个，她从来不受领导喜好的影响，所以也极少得到领导的赞赏，职务只是按部就班提升，当时的收益也远远低于她的付出，很多人劝她：你就不能多和领导搞搞关系？领导喜欢什么，你就去学点什么，表现点什么呀。

很丢人的是，这样的话我也曾经问过她，我还记得她笑眯眯地回答我："我不是不想套近乎，我是衡量了一下投入产出比，觉得不划算。倒退个十几年，以我的职位上杆子巴结领导，那还轮不上，能够跨级奉承领导成功的人，都有特殊才艺。比如我们第一位领导，他爱打乒乓球，全员勤学苦练乒乓球，的确有人靠球艺好升职了，但是，领导三年后就调走了。

"第二位领导，他爱京剧，于是全员去唱京剧；第三位是邓丽君的发烧友，大家又都去学《我只在乎你》；第四位、第五位比较有延续性，他俩热爱书法，这个爱好大大提升了我们单位的练字水平。

"可是，再有实权的领导，都有人走茶凉的那一天，我为了迎合他们的喜好勉强自己学这个搞那个，真不如把精力放在自己的优势上，工作成绩过硬，哪怕得不到现在领导的赏识，却哪儿都少不了你，这才是我未来的核心竞争力。"

后来，传统媒体断崖式下滑，那么多当年在单位里红极一时的人物都被雨打风吹去，她却凭借扎实的功底自己创业，由于精通节目制作，很快打开新天地，成为著名节目制作人。

偶尔我们见面聊起当年，我开玩笑："幸亏那时没选择唱京剧打乒乓球，把精力都花在了自己身上。"她也笑说："你以为平心静气看着别人被表扬被提升，是件容易事？我也挣扎过很久，但后来还是忍住了。人生短短几十年，要分清楚别人的选择和自己的选择哪个更正确，不是容易事，只是我觉得功夫要花在不仅现在有价值，而且未来能产生更大价值的事情上。"

我的这位朋友就是平衡"边际成本"的高手。奉承领导这件事在当下要花费巨大的精力成本，而且和自己的喜好相违背，领导的任期很有限，所以这些投入对未来没有太大价值，边际成本非常高。朋友的强项是节目制作，她把精力投入强项，一来自己的专业水平提高很快，这是未来的长久价值；二来，虽然没有奉承领导，可是任何工作都需要有人做实事，这部分人即便收益不是最高，可也不会太差，尤其他们的技能会随着时间提升，这是长远价值。

明白了"边际成本"这个概念，再来看看喜宝的选择。

选择做勖存姿的情人，接受他的控制，并且对他言听计从，这是一件边际成本太高的事情，而且越往后越艰难，喜宝真的没有其他选择吗？

我认为不是。我的另一位朋友曾经遇到和喜宝很类似的状况，但是她换了一种方式选择和处理。

这位朋友做销售，某天，她最大的客户跟她提了要求：能不能做情人？以后业务上自然会多照顾。

她回答："做情人不行，尤其因为我是真诚地敬佩你。行业里没有不透风的墙，如果别人知道我是靠做情人获得业务，也对我提同样的要求怎么办呢？我不能一路睡上去吧？这么多年的合作，我们彼此之间既有信任也有利益关系，换掉我，你当然也能找到不错的合作伙伴，但这不需要时间和信任成本吗？哪有情人的关系能长久的？但是朋友与合作伙伴的关系可以长久啊。我们何必打破目前的平衡，去进入一种彼此都尴尬和有损失的关系里呢？我对你的友情价值和商业价值，都超过情人价值。"

结果你肯定猜到了，这位朋友和客户始终维持着商业关系和不错的友情，她并没有因为拒绝当情人，而损失工作利益。

合格的商人，首先考虑的是商业利益和价值，他们不缺情人，但是永远缺少优秀的合作伙伴。

回到喜宝这里，勖存姿早已说过，他最欣赏喜宝身上顽强的生命力，这是自己的子女所不具备的。所以，喜宝只有通过给勖存资当情人才能挣到生活费和学费吗？不是啊。

只是她从来没有考虑过自己可以对勖存姿提出其他的要求，她始终陷在别人给她设置好的选项中，没有想过可以自己创立其他的选项，让对方反选。

比如："勖先生，金钱对您和对我的价值完全不同，对您可能是九牛一毛，但是对我，决定了现在能不能继续上学和工作。我的年龄和阅历都不足以支撑'情人'这个角色，如果您觉得我还算个学业勤奋、行为端正的人，是否可以把这笔钱当作对我的借款？我毕业后可以为您工作偿还，我可以打借条。"

勖存姿会不会同意这个建议？

我认为他十有七八会同意——不仅因为这笔钱对他实在算不得什么，更因为他始终是个攻击性、企图心极强的男人，人总对同类惺惺相惜。

而喜宝，为什么不加思索选择了"情人路线"？

因为她骨子里是拜金，并且希望走捷径的。所以，她生活在金丝鸟笼中痛苦而无法自救的结局，就是食得咸鱼抵得渴，愿赌服输，不需要别人理解。

即便她最终后悔，也知道无从抱怨。

我的建议：纠结的成本，远高于纠错

成本、机会成本、沉没成本和边际成本，这四个经济学概念是我做选择的思维模型，我要求自己迅速思考、衡量、判断和决定，我做选择的过程分为五个步骤。

第一，全面评估做决定的成本，包括决定本身的成本和机会成本。

"成本"很容易理解，就是为了做这件事情，我需要付出哪些具体行为，这些行为的结果是怎样的，这个很直观。但是"机会成本"测算起来比较复杂，我做出了A选项，就等于放弃了B选项，那么B选项所有的收益和折损，就是选择A的"机会成本"。机会成本这个概念，让我更清晰、更全面地考虑问题，我会把各种可能的选择都罗列出来，便于对所有可能的选择了解更周全。

第二，确定最重要的目标。

任何选择都不可能满足所有目标，所以，能达成最重要目标的决定，就是好决定——在这里，我会着重考虑边际成本，也就是对于未来的影响。

很多人选择困难的原因是，希望兼顾所有人，希望达成所有目标，这种"完美选择"几乎不可能出现。我会问清楚自己：我做这个选择最希望解决什么问题？什么问题对我来说最重要？这个问题对未来长远会有怎样的影响？

我学会当一个满足者，而不是最优者，明确自己最想要的是什么，有一个清晰的标准。其次，在得到之后，或许会出现更好的，这时我会说服自己："虽然我选的不是最好，但已经够好了，而且我可以通过努力，让它变得更好。"

接受"够好"的选择，既可以减轻心理上的负担，又能增加满足感。

第三，记录决定的过程和决定的结果。

我每次都会认认真真写下自己做这个决定的原因，记录完整的决定过程和思路，我电脑里有一个专门的"决定记录文档"，如果做决定时手边没有电脑，我会把这些内容记录在手机或者纸张上，回去誊写到电脑中。

相信我，这不是无用功，我从2014年起坚持这个习惯，收获巨大。很多时候，口头或者心里默念的决定并不正式，甚至后来回忆做决定的原因我们自己都很模糊，而"白纸黑字"让我们必须谨慎对待每一条思路，认真思考每一种成本，我的记录格式是这样的——

（1）我最希望达到的目标是（目标）：

（2）我做这个决定需要付出的是（成本）：

（3）我做这个决定可能放弃的是（机会成本）：

（4）我做这个决定未来可能预见的是（边际成本）：

（5）我依然做这个决定的原因是（理由）：

（6）后来，我认为自己的决定正确吗（验证）：

第四，沉没成本不是成本。

你可能发现了，我的决定过程中没有考虑"沉没成本"，因为沉没成本已经不再是成本，它是需要"断舍离"的部分，哪怕过去投入再多，这些投入和现在的目标没有关系，都已经不再是成本。

就像我们坐在电影院看了十五分钟，已经知道这部电影不好看，虽然电影票已经花钱买了，但是你的目标如果是看一部好电影，现在最合适的做法就是当场离开，因为电影票钱已经沉没、十五分钟已经花掉，不再是成本。

第五，做好复盘，做好复盘，做好复盘。

重要的事情说三遍。

没有人天生决策力强，做决定所需要的知识、阅历、胆识和精准也不是一天具备，所以，我们需要反思每个决定的正确与错误，疏忽和慎重，付出和收获，长期和短期影响，尤其当这个决定的结果真正出现时。

比如，回到文章开头我提到的两个问题：

有一份年薪很高机会很好的工作摆在你面前，但是，你的伴侣在另一个城市，他希望你去他的城市一起开始新生活。爱情是你最看重的内容，你为此放弃了工作机会去异地团聚，半年以后，你对自己的选择满意吗？伴侣感谢和理解你的放弃吗？能陪伴你度过重新开始事业的艰难过程吗？这些复盘的问题，让你重新审视当初的选择，及时做出调整和改善。

作为独生女的你在北京辛苦并快乐地工作，按照节奏估计一辈子也买不到房，于是父母希望你回到三线城市的家乡，那里有房子、车子和亲情，还有相对容易的工作和生活。但是，你觉得年轻人应该闯一闯，决定留在北京。

做出这个决定一年以后，你可以做个复盘：

这一年目标达成了吗？你真正期待的生活是怎样的？现在和期待之间有多大距离？

我们需要知道，很少有"终极选择"，大多数选择都可以调整、修改甚至推翻重来。明白这些，面对选择时就不会那么纠结，好像面对人生只有一次的机会，错了就完蛋了。

　　不是的，我们随时可以重新选择和规划，而纠结的成本远远高于纠错，每个人的生活都是尝试与纠错交替的过程。

第五章

压抑自我，怎么办？

表达不是为了获得他人的怜惜、同情和共鸣，
表达最重要的作用是：整理你自己真实的情绪。
压抑自我，永远不可能获得幸福。

几年前，一位朋友婚姻出现问题，她的丈夫出轨，导致两人的婚姻出现危机。

　　我的朋友是典型"知识女性"，符合社会价值观的优雅、知性、文明，她无论如何也做不到哭闹和宣泄，外界看到的，总是她在最艰难时刻也保持得体的分寸，但是她知道自己的状态越来越差。她私下对我说："筱懿，我就想大哭一场，我受尽了委屈，却要顾及孩子的感受和社会舆论而保持风度，这太累了！"

　　我安静地听她倾诉那段时期自己的感受，包括愤怒、绝望、伤心，甚至歇斯底里，回忆了和丈夫从认识到白手起家的过程，其中有很多细节，比如两个人第一次约会时说的话，曾经一起看过的电影，宝宝出生时的各种忙乱，等等。

　　两个多小时后，她从痛哭到啜泣，逐渐平静下来，情绪的表达让她很疲倦，于是我陪她做了个SPA。当SPA结束后醒来，她望着天花板自言自语："现在我好多了，以前总为了面子忍着，憋出内伤。现在，我不在乎别人怎么看，我得尊重自己的感受，离婚还是不离，这个主动权我要拿回来。"

我第一次看到，温柔的她在"负面情绪"下说出这么强硬的话，我觉得太好了！所谓的"负面情绪"，同样需要适度流动和表达，伤心、痛苦、愤怒、焦虑的过程是清楚认识并且告别过去的必由之路，表达不是为了获得他人的怜惜、同情和共鸣，表达最重要的作用是：整理你自己真实的情绪。

压抑自我，永远不可能获得幸福。

当我们谈论"情绪的压抑"，我第一个想到的人物是法国伟大的现实主义作家巴尔扎克的代表作《欧也妮·葛朗台》的主角——女儿欧也妮，还有她的父亲老葛朗台。

我想通过这两个人物的经历和对比，深入浅出地解释"怎样让情绪自由流动"。

为什么"坏人"比"好人"快乐

这位老葛朗台是世界著名的吝啬鬼，抠门到令人发指，甚至不让家人点蜡烛，他生活的十九世纪初没有电，家家户户都点蜡烛照明，他家房子很大却只允许仆人点两根蜡烛，妻子和女儿欧也妮常年生活在昏暗的环境中。但是，这个抠门老头是个极其成功的商人和巨富，他去世时留下了将近两千万法郎家产。什么概念呢？1803年左右，一法郎相当于现在的八十七块钱人民币，两千万法郎放在今天，大约相当于十七亿四千万人民币，说他是个巨富一点都不夸张。

葛朗台的人生目标就是"发现金钱，占有金钱"。为了财产，他逼走了自己的亲侄子，折磨死了妻子，还剥夺了女儿对母亲遗产的继承权，甚至不允许女儿恋爱，断送了她一生的幸福。

他同时具备两个极端：极端的富有和极端的抠门——他既是一个亿万富翁，又是一个守财奴。

那么问题来了，既然巴尔扎克花了全书一大半的篇幅来塑造老葛朗台，为什么不干脆把书名叫作《老葛朗台》呢？为什么要用葛朗台的女儿——欧也妮·葛朗台——来命名这本伟大的小说？巴尔扎克本人是这样说的："这是一部没有毒药、没有尖刀、没有流血的平凡悲剧。"老葛朗台的一生把金钱看作生命，同时他也赚到了很多钱，可以说是得偿所愿，他的人生其实称不上悲剧，充其量在外人看来有些讽刺。

那么这部小说悲剧在哪里呢？悲剧的主人公就是老葛朗台的女儿欧也妮·葛朗台。

这多让人生气啊！

冷酷的人得偿所愿，善良的人反而成了悲剧。

可是，现实生活中也经常这样："好人"并不幸福，"坏人"反而活得很畅快，为什么呢？我陪你看看这个故事就知道了。

《欧也妮·葛朗台》的故事发生在法国西部一个名叫索嗼城的小城市，小城的首富就是老葛朗台，他一生只有两个目标：发财和守财。

他怎样发财？老葛朗台起初是个箍桶匠，法国很多地区盛产红酒，装红酒需要酒桶，就催生出"箍桶匠"这个职业，他四十岁才结婚，娶的是一位板材富商的女儿，当时正处于共和政府时期，国家要拍卖教会的产业，老葛朗台把岳父给的四百金路易拿去贿赂拍卖官，又拿自己所有现金以很低的价格买到了当地最好的几块葡萄园，还有一座修道院。

这些不动产为他奠定了发家致富的基础，有了这些产业做后盾，他当上了区长，修了好几条公路直通自己的葡萄园和田庄，大大节约了货物的运输成本，他经营有方又肯吃苦，种出来的葡萄质量很好，能酿出上等葡萄酒，于是他的葡萄园成为当地数一数二的"顶级园区"，做酒桶投机买卖也从来没有失过手，五十七岁时，他连续继承了三笔遗产，分别来自丈母娘、外公和外婆，而遗产具体有多少钱，连他的妻子和孩子都不知道，只是从此之后，老葛朗台成了地区"纳税冠军"。

他有一个专门的记账本，里面精确地记录了每一笔收益和开支。不仅如此，他还能精确地计算出每一年的收成，以及要为这些收成准备多少个酒桶，这份贪婪和精明，让区里的人基本上都吃过他的亏。他都精明成这样了，居然经常假装自己是个聋子和结巴，这样做的目的是蒙蔽竞争对手和其他老百姓。只要人家找他帮忙，他就会搬出自己的四句口诀："不知道，没办法，不行，再说吧。"如果人家跟他谈生意，他又不想合作，就会搬出自己的太太当挡箭牌，跟对方说："这事儿我说了不算，我得跟我太太商量一下。"

乍一听，你还以为他特别尊敬妻子，实际上这只是一个说辞，用作者的话来讲："葛朗台的太太已经被他压得成了不折不扣的奴隶。"

我再说几个细节，看看他怎么守财。

他对自己的太太和女儿都抠门极了。这两个女人不仅无法像其他大户人家的太太和小姐那样锦衣玉食，反而过着仆人一样的生活，她俩每天都在做针线活，因为老葛朗台从不花钱给家人置办衣物，全家人的衣服、被子、袜子都是母女俩亲手缝制。此外，老葛朗台还要苛扣母女俩的日常开销：每年只有五个月能生火取暖，在这五个月之外，就是再冷也只能忍着。有一次，欧也妮想给母亲织条围巾，但是又不能耽误日常的针线活，就只能挤出晚上睡觉的时间来织围巾。而晚上织围巾需要蜡烛照明，蜡烛也由老葛朗台分发，所以女儿只好让女仆偷了一根蜡烛出来。

这样的生活持续到欧也妮二十多岁终于迎来转折：堂弟夏尔来到葛朗台家做客。夏尔是一个来自巴黎的花花公子，长相帅气，很会打扮，吃穿用度都是最时髦的款式。

在夏尔到来之前，欧也妮的生活平静得像一潭死水，她接触不到外面的世界，也从来没有恋爱过，但是夏尔让欧也妮渐渐苏醒。尤其当她看到老葛朗台对夏尔特别吝啬，她第一次感觉到父亲的冷漠，开始反抗父亲。

他们家的日常开销一直由老葛朗台负责发放，欧也妮为了给夏尔准备一顿不那么寒酸的早饭，冒着被父亲责怪的风险，从家里的库房里偷了几只鸡蛋，还有一些黄油和咖啡。

葛朗台太太担心地问："要是被你爹发现了，肯定会打我们的。"欧也妮特别勇敢地说："打就打吧，我跪着让他打！"

夏尔是欧也妮爱情的开端，也是悲剧的开始。

夏尔的父亲，也就是老葛朗台的弟弟，由于破产自杀身亡，他给哥哥写了一封遗书，拜托他照顾自己年轻的儿子。老葛朗台看到亲兄弟的遗书，第一时间不是感到悲痛，而是想到"这下麻烦要来了"。破产意味着他弟弟欠了很多债，而且资产不足以偿还债务，现在他弟弟自杀，债务却留下了。如果老葛朗台袖手旁观，名誉肯定会受到极大的牵连——因为众所周知他是首富，这么做太不讲亲情。

如果替弟弟偿还这些债务，以老葛朗台的抠门，简直比在他身上割肉还可怕。

但是，这依然难不倒老奸巨猾的葛朗台，他的做法实在是教科书级的精明。他跟弟弟的债主们商量，想要以2.5折的价格赎回他弟弟的所有债券，前提是，他要签协议，不是一把付清，而是分期付款。

这么做的目的是长期拖延，只花很少的钱，就稳住了想要闹事的债主们，而且这些债券在之后几年涨到了很高的价格。

摆平债主，葛朗台又怂恿侄子去印度经商，并且十分热情地要给他出旅费，原因你肯定猜到了：他要赶紧摆脱侄子，不让侄子多花自己一分钱。

临走之前，欧也妮拿出了六千法郎送给夏尔补贴生活，这是欧也妮二十多年来所有的积蓄；作为回赠，夏尔把母亲留给他的一个黄金首饰盒给了欧也妮，两个人海誓山盟做了约定。

这件事很快被老葛朗台知道，他发现女儿居然背着自己存了那么多私房钱，还把钱送给了一个外人，简直气炸了。

他把欧也妮关起来，每天只给冷水和面包，吓坏了的葛朗台太太一病不起。

某天，老葛朗台的态度突然三百六十度反转，不仅对女儿道歉而且百般讨好，是良心发现了吗？当然不是。因为公证人告诉他，一旦葛朗台太太去世，财产必须重新登记，欧也妮有继承遗产的权利。

老葛朗台想要女儿放弃继承母亲的遗产，于是立刻变脸跟女儿搞好关系。葛朗台太太去世当晚，老葛朗台就找来公证人要欧也妮签署放弃继承遗产的文件，纯真善良的欧也妮同意了。这下可把老葛朗台激动坏了，他紧紧地抱着欧也妮，语无伦次地说："行了，孩子，你给了爹一条命。交易就该这样做。人生就是一场交易。你是一个有品德的姑娘，爱自己的爸爸，我祝福你！"

整本书最讽刺的笔墨，是老葛朗台去世的表现。

神父拿出十字架让他亲吻，十字架是镀金的，老葛朗台本来已经弥留，一看到十字架上金光闪闪，以为是黄金，顿时回光返照伸手去抓，这次努力用尽了他最后的力气，他咽气了。

所以，你看，老葛朗台的一生确实是喜剧，只不过是讽刺喜剧。他的人生目标就是最大限度地获取财富、守住财富，他做到了。而且他从来没有委屈过自己的欲望，除非为了利益，否则绝不压抑自己的情绪，虽然社会大众认为慷慨是"好人"的行为，吝啬是"坏人"的举动，但老葛朗台一点都不在乎，他毫不掩饰自己的抠门，一辈子活得很心想事成。

但是，他的女儿，善良的欧也妮却始终按照家庭和社会的要求规规矩矩地生活，隐忍又宽容，她的平静和善良仿佛纵容了别人的干涉，反而谁都不在乎她的情绪和幸福，她理应幸福却活成了一出悲剧。

什么叫"让情绪自由流动"

老葛朗台去世之后,故事继续。

欧也妮继承了父亲的巨额遗产,成了整个城市最受追捧的未婚女青年,身边每天都围绕一帮献殷勤的男士,而她内心真正爱着的堂弟夏尔去了印度经商,一去七年,杳无音信。

欧也妮三十岁了,还在执着地等待堂弟的归来。结果人没等到,却等来了一封分手信:夏尔打算跟一个贵族小姐结婚。

得知这个消息,欧也妮最后的一点希望破灭了。

但很快,另外一个消息传来:夏尔的婚结不成了。因为他父亲的债还没还完,夏尔还欠债主一百二十万法郎,如果他还不上,贵族小姐拒绝嫁给他。

这时,欧也妮做出了一个意外的举动。

在她众多追求者当中,有一位叫彭峰的先生,是一位法官。

欧也妮对他说:"你不是一直想要跟我结婚吗?我现在就答应你。但是你也要答应我两个条件——第一,我们虽然名义上是夫妻,但是私底下我只能跟你保持朋友关系;第二,我想拜托你去一趟巴黎,把我叔叔的所有债权人的名单要到手,把剩下的债务连本带利全部付清。"

彭峰先生听完之后,直接拜倒在了欧也妮的脚下,激动得浑身哆嗦,他带着欧也妮开的一百五十万法郎支票,立刻前往巴黎去为夏尔还债。

作者写道："彭峰先生走了。欧也妮倒在扶手椅里泪如雨下。一切都结束了。"

她给负心堂弟写了一封很短的信，令人百感交集，我把全文放在这里——

堂弟大鉴：

叔父所欠的债务，业已全部清偿，特由彭峰先生送上收据一纸。另附收据一纸，证明我上述代垫的款项已由吾弟归还。外面有破产的传说，我想一个破产的人的儿子未必能娶特·奥勃里翁小姐。您批评我的头脑与态度的话，确有见地：我的确毫无上流社会的气息，那些计算与风气习惯，我都不知；您所期待的乐趣，我无法贡献。您为了服从社会的惯例，牺牲了我们的初恋，但愿您在社会的惯例之下快乐。我只能把您的父亲的名誉献给您，来成全您的幸福。

别了，愚姊永远是您忠实的朋友。

欧也妮

欧也妮用一大笔钱和一封口吻平静的信，埋葬了自己唯一的爱情。

她的余生是这样的——虽然她是整个城市最有钱的女人，但是依然按照老葛朗台生前的规定生活，每年只有五个月时间允许自己生火取暖；衣着非常朴素，和当年的葛朗台太太一样；她兢兢业业把所有收入都积累起来，一部分做慈善，除此之外，不允许自己多花一分钱。

说到这里，我想你应该能理解了，为什么巴尔扎克会说"这是一部没有毒药、没有尖刀、没有流血的平凡悲剧"。

我曾经有一种执念，要做一个"情绪稳定的成年人"。

什么叫情绪稳定？我认为就是"控制好"自己的情绪，高兴、鼓励、感谢这些积极的情绪可以表达，绝望、痛苦、嫉妒之类负面情绪必须隐藏起来，一个成年人还暴躁、愤怒和伤心伤肺，这不成熟。

可是我现在完全不这样认为，我鼓励自己"让情绪自由流动起来"，因为这与当个"情绪稳定的成年人"并不矛盾，如果"稳定"是靠"压抑"得来的，总有一天会爆发。人的情绪，无论是积极，还是消极，都需要流动和表达出来，才能获得真正的稳定和平静。

什么叫"情绪流动性"呢？指的是能够运用情感的语言，准确沟通自己的感受和内心的状态。情绪流动性良好的人，能够在关系中不带评判性、不含附加条件地体会和表达真实的情绪，也能够有意识地、创造性地运用情绪。

武志红老师说："人性极为复杂，关系也极为复杂，复杂的关系互动中，我们会产生各种各样的情绪，每一种情绪都深具价值，越能尊重这些情绪，并且让他们在自体和关系中充分流动，越是对你、我和对关系的尊重。"

当我带着对"情绪流动"的全新认识去看待欧也妮的一生，我的理解完全不同了。

书里有一个细节：欧也妮正在和母亲一起看夏尔留下的黄金首饰盒，父亲老葛朗台突然闯进来，守财奴见到黄金两眼发光，立刻要用刀撬掉盒面上的金子，向来温柔听话的欧也妮大叫着跪倒在地，向父亲扑过去，把刀对准自己的胸膛说："父亲，要是您的刀子碰掉哪怕一丁点儿金子，我就用这把刀子捅穿我自己的胸膛。您已经让母亲一病不起，您还要逼死您亲生的女儿。好吧，您如伤了盒子，我就伤害自己。"

这个行为立刻把葛朗台太太吓昏过去。

行为无疑是疯狂的，不符合欧也妮一贯的温柔，但是震怒的欧也妮反倒是可爱的，这是一个保护爱人留下的珍宝、深深陷入爱情中的女孩非常正常的反应。如果没有那么热烈地深爱过，没有用生命保护过夏尔留下的黄金首饰盒，欧也妮就不会哀莫大于心死，用看似平静地替他还债和一封信结束自己的爱情。

而老葛朗台看到太太生死不明，立刻想到女儿还没有签署放弃继承母亲遗产的声明，自己的财产有可能面临分割，马上放下撬黄金的刀，妥协了。

很多读者认为欧也妮的不幸在于爱上渣男夏尔，爱情很失败，我却觉得爱情是她人生中最幸福的体验和记忆，她在爱情中表现出前所未有的勇气，表达出自己真实的感受，而不是对父亲和生活的逆来顺受。

她的悲剧在于爱情幻灭之后的心灰意冷，选择像父亲老葛朗台一样的生活方式，问题恰恰在于：老葛朗台热爱这样的生活啊，金钱就是他的一切，他明白自己的目标，竭尽所能去实现它，并且在实现的过程中精神饱满，充满成就感。

可欧也妮不同，她的幸福感不来自金钱，却只能拥有金钱。

就像小说结尾所说："这就是欧也妮的故事，她在世俗之中却不属于世俗，她是天生的贤妻良母却没有丈夫、没有儿女、没有家庭。"

巴尔扎克的这个评价太精准，当欧也妮活得"平静无波"，似乎什么情绪都没有时，她才真正成为悲剧。

撕开绝望、痛苦、嫉妒等负面情绪的真相

还记得文章开头时我的那位朋友吗？她后来怎样处理自己的婚姻？

她经历了非常难熬的情绪整理过程。

亲友们很快发现了她丈夫的婚外情，群情激愤，鼓动她去闹一场。她还清楚记得，那天大家跃跃欲试地表示愿意帮忙，有力出力，有人出人，绝不能便宜了渣男和第三者，但是她拒绝了。她认为没有必要用自己的隐私和失态作为别人茶余饭后的谈资——世界上真正关心我们的人并不多，很多人活在鄙视链带来的优越感中，一旦发现别人比自己更痛苦、慌乱和糟糕，内心虽然有同情，但更多是"她也不过如此"的淡淡的欣慰——请原谅我说得这么直白，这不是"坏"，仅仅是人性而已。

所以，她没有去闹。

另外，她发现自己做了几年主妇，工作技能严重退化，没有谋生能力和底牌的人，跑去摊什么牌呢？但是，她和丈夫深深地谈了一次，她表达了自己的痛苦，表示不知道是否能原谅，自己当下心情很糟糕，需要一段时间平复。

然后，她把床品搬到另外一个房间。

在同一个屋檐下分房相处的那段时间，她发现自己特别擅长做广式糖水，那原本是为了照顾家庭而学会的技能，被她变成谋生的专业，她参照网红店做产品规划，先请朋友试吃，再小范围售卖测试。

效果出奇地好。

很快，她的线上糖水店开业，先做微信线上销售，又在小区附近开了实体店。

她忙着自己的事业和女儿的教育，没有刻意回避丈夫，也没有刻意了解丈夫婚外情的走向，但是，她请律师规划好了不同的处理方式，即便离婚，她也会在经济上被公正对待。

生活在平静中又滑走了两年。

她问我："这件事已经过去了很久，我从来没有闹过，从来没有在女儿面前说她爸爸不好，后来她爸爸彻底结束婚外情，我想了想，这些年我内心已经能放下了，情绪上不再有困扰，我准备和丈夫继续生活，我挺怂的吧？"

我说："不，你特别勇敢。"

她自嘲："我连第三者都没有去撕，勇敢个啥呀？"

我想，在她的场景中，"撕"是一个动词，不是"撕碎"，而是"撕开真相"。

她没有回避这件糟糕的事情，也没有压抑自己的负面情绪，她明白如果缺少合理的表达，负面情绪不会无缘无故消失，它将不断积压直到无法隐藏，甚至侧漏在其他事情上。于是，她一方面选择了真实的面对，承认自己的愤怒和受伤，用事业转移婚姻受挫的痛苦，同时正视了自己依然对丈夫和家庭充满感情。另一方面，她的丈夫也选择了真实的面对，承认自己的错误和伤害，用实际行动重建妻子的信任，甚至接受妻子短时间内无法谅解，支持她的分居决定。

正是两个成年人共同的努力，最终在时间、思考、事业成就和真诚道歉的共同作用下，真正解决了问题。人生那么长，谁都有热血上涌、觉得满腹委屈的时候，都有想起来简直不能成活的糟心事，也都有犯错甚至犯大错的时候，最怕的是用尽难堪姿态却什么都没有解决，或者表面隐忍内心翻腾，那才是真正的伤害。

朋友还分享了她解决问题的思路，我觉得特别好用，也分享给正在读这本书的你，她分六个步骤，问了自己六个问题——

第一步：我真实的感受是什么？（情绪流动）

第二步：我现在能做什么？（认清处境）

第三步：我希望的结果是什么？（找到目标）

第四步：我现在的状态和希望的结果之间有什么差距？（发现问题）

第五步：我怎样缩小希望和现实之间的差距？（采取行动）

第六步：我可以去做哪件具体的事情，而不是把自己完全放在情绪里？（解决问题）

阻碍情绪流动的原因有哪些

现实生活中，我们即使了解这六个步骤，也依然觉得"让情绪自由流动"有难度，是什么原因造成了这些困难呢？

第一，是一部分社会原因，社会文化不鼓励我们表达情绪。

比如大家都觉得应该做个"情绪稳定的成年人"，但是"稳定"不代表绝对静止和死板，"流动"也不是激起滔天的波浪，假如完全不"流动"，情绪就会成为一潭死水，哪里还能"稳定"呢？所以，不要被"稳定"限制住，"流动"和"稳定"并不对立。

另外，社会文化也不鼓励我们承认一些所谓"不好的"情绪，比如脆弱、沮丧、愤怒、恐惧等等，社会对男性的期待是"坚强""刚毅""勇敢"，对女性的期待是"温柔""善良""含蓄"，这些不科学的约定俗成，妨碍了情绪的正常表达。

可是，人生是一场体验，情绪、情感是最重要的体验部分，当你让这一切体验都流动时，你会发现并非只有正面情绪能让你感受到幸福，实际上，一切情绪的流动才是幸福感的根基。所以，并不是看上去"负面"的情绪都是糟糕的，如果控制在一定范围中，合理表达愤怒、悲伤、焦虑等情绪，并且找到具体解决事情的办法，反而是一件好事。

第二，我们自己在不知不觉中抵制着情绪流动。

我们觉得与他人建立情感的连接、传达真实的情绪，犹如打开了自己心灵的大门，对方很有可能伤害我们，为了避免被伤害，我们会拒绝流露和传递真实的情感。

另外，在沟通的过程中，我们并没有说着同一种"语言"。如果你注意自己和他人争吵的方式，就会发现更重要的不是争论的内容，而是你们争论的状态和立场，虽然你们说的是同一个词语，但都是站在自己的角度上，用自己的理解去体会他人的意思，你们对对方的行为、举动、语言的理解，未必是对方真实所要表达的。争吵经常会进入这样的状态：你并不能够识别出自己在生什么气，也不明白对方真的在说什么，你们都是基于自己的语境，在和自己想象中的对方对话。这提醒我们，"情绪流动"不代表在沟通时只考虑自己的感受，我们需要耐心体会：自己的动作、语言、语气和表情表达出内心真正的意思了吗？是否会让人误解？我们是否真正理解对方的立场和态度，而不是仅仅听到表面的那些词汇？

第三，我们并不把沟通对象当作同盟者，而是竞争者。

我们在沟通中没有把彼此当作可以相互支持的"同盟者"，而是当作"你对我错，非此即彼"的竞争者、敌人或者陌生人，我们把这段关系看作话语权和支配权的争夺，在每一次讨论中都想成为胜利的一方，所以我们对情绪的表达是带有攻击性的，目的是获得胜利，并不是真正的情绪传达。

其实情绪传达的目的是解决问题，而不是发泄和压倒对方。

有读者困惑，问我："筱懿姐，在我看来让情绪流动和情绪化那是一回事呀，有什么区别呢？"的确，我看过很多专业心理学书籍，说得都很学术，没法形象地一下子解释清楚两者之间的不同。我思考了很久，有了自己的答案，现在请你闭上眼睛和我一起想象——情绪化类似于你从自己心里瞬间泼出一盆水，很突发，毫无准备，节奏完全不可控；而情绪流动类似于池塘里的水面，正在一层一层泛起涟漪，自然而然地向外扩散，不猛烈，却有自己的节奏。

　　情绪化是发泄，情绪流动是为了梳理和解决问题。

我的建议：接纳真实的自己，表达真实的情绪

在写作这本书之前，我和大多数人一样把情绪分为"正面的"和"负面的"，"好的"和"坏的"。我尽量让自己避免负面情绪，做一个积极、乐观、充满正能量的人。

我曾经觉得不生气、不暴躁、克制悲痛是"修养好"的表现，二十多岁时一直这样要求自己——当然，二十多岁我们处于起步阶段，职位、阅历和资历决定我们在大多数场合都是无关紧要的小透明，乖巧懂事的小透明好像更能获得别人的喜欢。

那时，我暗地里骄傲的一件事就是"我从不生气"，总是笑嘻嘻面对一切该我的和不该我的任务分配。但是一段时间过去之后，我发现一个现象：凡是我职责范围内的工作，都完成得很出色；凡是被人强加的工作，哪怕当时笑嘻嘻答应了，也不断说服自己"年轻人就是要多历练，打杂没关系"，我依旧做得不太好，要么马虎，要么拖延，完成质量和我的本职工作不在同一个水平，于是领导和同事对我"做完多出来的工作"很不满意。

终于有一天，我没有忍住，"修养不好"地直接告诉同事："对不起，做这份市场调研不是我的工作，我特别忙没法帮你。"她也生气了，说我没有团队意识。

我回敬了同款生气，反驳我们不属于同一个团队，我得先做好分内事。

意外的是，我的脾气让所有人意识到，原来我并不乐于处理职

责之外的人情帮助，我也并不"亲和"，甚至还有点"不好惹"。从此，很少有人把分外的工作推给我，我心情愉快很多，自己工作的正确率和质量都有了更大的提升。

我意识到真实地表达自己是多么重要，哪怕是表达负面情绪。就像我那位遭遇丈夫出轨的朋友，那一次关键的"悲伤"让她接受了自己面临的人生真相："你在婚姻中被伤害了，你很痛苦，但你没有自力更生的能力，所以你需要思考清楚解决问题的方法。"

悲剧本身并不一定会导致心理问题，悲剧使我们陷入困境，恰恰因为我们想否认自己正在面临悲剧——你很惨，你被背叛了，你还没有足够的能力反击。这种事太难以承受了，于是有些人选择自我欺骗和逃避，暂时让自己好受一点，但是最终会在我们的精神里竖起一面墙，将我们的内心与人生真相隔离开，而且这堵墙还会越来越厚，心理问题也因此产生。

好在，我的朋友借助悲剧完成了一次自我接纳的过程。

自我接纳包括对自己形象、情感、态度、信仰、价值观和身边的人以及自己所处环境的接受与适应，在自我接纳之后，她重新找回了自尊。

而自尊涉及三个方面：它是一个人的自我认可和自我价值感，它反映了一个人喜欢自己的程度，它是一个人的自信程度。

自尊涵盖了自我满意、自我接纳和自我价值。

所以，压抑自我绝不值得称赞，也不是优秀品质。

《欧也妮·葛朗台》的故事只会发生在两百年前。

搁现在，一个才三十岁的善良姑娘继承了巨额遗产，只是碰上了控制欲极强的吝啬父亲，初恋遇到了渣男，人生怎么就不能重新开始呢？

第六章

情绪地雷，怎么拆？

只有当我们看见差异、客观地面对差异，
才能自信地去追求平等，而不是自卑地维护平等。

由于出差频繁，我经常遇到飞机晚点，有时候还特别严重。

　　有一次从北京飞昆明被暴雨耽误，干坐了三小时依然不清楚起飞时间，候机厅里的乘客们逐渐骚动起来：怀抱婴儿的妈妈焦虑地走来走来，试图安慰孩子，但孩子好像感受到了妈妈的烦躁，反而哭得更响亮；商务装扮的女子在协商改签和退票，表情很淡定；一对老夫妻大声地给儿子打电话通报情况，可能因为自己耳背，误以为听筒对面的人也需要听到很大的声音，表情特别有趣；四位阿姨估计是闺蜜组团出去玩，觉得遇上严重晚点太晦气，用吵架一样的语调向乘务人员抱怨；一个大学生模样的男孩戴着耳机听音乐，随着节奏摇摆身体，仿佛置身事外；更多乘客则在默默刷手机。

　　我随身带着书和工作电脑，对我来说晚点就是换个场地看书或者写稿，我也很淡然。但是，我明白不同的人对待同样事情的反应就像这间候机厅里的乘客，实在太不一样了，有人遇到飞机晚点很平和，有人则完全不能忍，就像每个人都有不同的"情绪地雷"，碰到就会爆炸。

　　我花了好几年时间，逐渐拆除自己的情绪地雷。

这个章节，就通过英国女作家夏洛蒂·勃朗特的代表作《简·爱》，分析"情绪地雷"的概念，因为学会给自己的情绪"拆雷"，才能收获平静和快乐。

了解自己的情绪开关

《简·爱》首次出版是在1847年。那时，英国已经完成了第一次工业革命，成为世界头号工业大国。但是，英国女性的地位并没有因此改善，依然不能抛头露面工作，少有的工作机会不外乎家庭教师、护士等。因此，当时的英国女人把婚姻看成改变命运的唯一机会，人生目标就是当妻子和做母亲，受教育也只是为了在婚恋市场上更有竞争力而已。

女性作家的地位更低，还会遭到男性的猛烈抨击，夏洛蒂·勃朗特曾经把自己的诗寄给当时著名的湖畔派诗人罗伯特·骚塞，这位大诗人在回信中说："文学不是妇女的事业，在英国没有女作家的地位。"

后来，夏洛蒂创作《简·爱》，只好给自己取了个男人的名字作为笔名，小说才得以顺利出版。

所以，《简·爱》出版之后虽然引起轰动，但人们一直认为这是个男作家的小说，直到夏洛蒂出现在伦敦的社交场合，大众才惊讶发现，原来《简·爱》的作者是位女性。

我做这段介绍绝不是因为啰嗦，而是了解这个背景才能理解女主角简·爱的处境和性格形成，就像我们想要理解某个人的行为和思想的成因，就要去了解ta的成长背景一样，《简·爱》这本小说写作于男女严重不平等的社会背景。所以，夏洛蒂在书中说："爱情是两个灵魂之间平等而美好的结合，与财产、地位没有丝毫的关系。"这个观点在当时显得非常大胆，也是《简·爱》出版后立刻引起轰动的原因。

故事从简·爱童年时期讲起。

她从小父母去世，被舅舅里德先生领养，舅舅对简·爱比对亲生孩子更好。

但是，舅舅没几年也去世了，她又被托付给舅妈，舅妈把简·爱当作累赘，任由表兄妹欺负她。表哥约翰故意找茬儿，把简·爱打得遍体鳞伤，由于她的反抗，里德舅妈把简·爱关在了舅舅去世的房间，小姑娘苦苦地求饶，但是得不到任何回应。想想看，才十岁的孩子，被关进死过人的屋子，房间阴森且长久无人居住，简·爱因为恐惧过度而晕了过去。

简·爱性格非常刚强，绝不逆来顺受，她对舅妈说："要是舅舅还活着，会怎么跟你说呢？你做的一切，里德舅舅在天上都能看得见！"在信仰基督教的维多利亚时代，这样的声讨是会让一个人从心底里感到恐惧的，因为上帝和天国在人们心中的地位至高无上，人们相信，活着的时候所做的一切恶行，在死后都会得到报应。

里德舅妈非常惊恐，决定把简·爱送进孤儿寄宿学校。

简·爱的青春期就在这所罗伍德慈善学校里度过。

学校是这样的：荒野里几栋年久失修的房子，煮得发焦的稀粥，粗劣的衣衫，戒律森严的校规，还有严厉的学监和残忍惩罚学生的老师。学生们饿得睡不着觉，老师却认为这是一种对生存意志的磨炼。有一年，学校暴发了可怕的传染病，八十多名学生当中，感染了四十五个人，简·爱最好的朋友海伦·彭斯，就死于这次传染病。

好友的去世对简·爱的影响很大，她说："我从她那儿吸收了某些个性和很多习惯，更为和谐的思想，更为克制的感情。"同时，简·爱清楚地看到，只有依靠自己的努力顽强地生存下去，才能获得人生的希望，依靠这样的信念，简·爱在慈善学校待了八年，以优异的成绩毕业。

毕业之后，简·爱接受桑菲尔德庄园的聘用，成为一名家庭教师，小说的爱情线由此展开。她的学生是一个不到十岁的女孩，名叫阿黛拉，阿黛拉的保护人就是本书的男主角、桑菲尔德庄园的主人罗切斯特。罗切斯特长年不在庄园，偌大的庄园里只有女管家费尔法克斯太太，还有几个仆人和厨娘。

一天晚上，简·爱和罗切斯特在庄园外的小道上偶遇，作者用简·爱的视角，对初次登场的罗切斯特有这样的一段描写："他身上罩着一件皮领子、钢纽扣的骑马披风，看不出他的具体模样，不过我还是捉摸出他大体上的样子是中等身材，胸部相当宽。他脸黑黑的，容貌严峻，眉头紧锁。他已不太年轻但还未入中年，大约三十五岁光景。我对他一点也不害怕，只是稍稍有点羞怯。"

当时，罗切斯特和他的马受了伤，简·爱帮助了他。起初罗切斯特是拒绝的，简·爱在这里展现出了执着，她说："在看到你确实能够骑马以前，先生，我是绝对不会让你这么晚独自留在这条荒凉的小路上的。"

这句话给一向傲慢、冷漠的罗切斯特留下了深刻印象，在后来相处的时间里，他们开始相互了解并相爱。

我第一次读《简·爱》时大约是在初中，对她的少女时代特别有共鸣，认为她实在是个性格独特的"酷女孩"。中年后再读却是另外一种体验，我发现她的童年经历，尤其寄宿学校的教育成为她一生的情绪基础，甚至在成年之后埋下许多"情绪地雷"。

你有没有情绪地雷？

它是你成长过程中累积的一些情绪节点，也就是你在什么事情上会特别过不去和想不开。比如我自己，我身高勉强一百六十厘米，其实我小学五年级就是这个高度，之后一直没有再长高，于是我对身高就很焦虑；又因为按照我的身高，胖一点点都很明显，我就十分纠结体重，几乎一直在控制体重。

还有学习成绩，我偏科很严重，数理化一塌糊涂，语文、政治、历史等文科专业特别优异，所以别人一说到"成绩"就很惋惜我，我也会紧张。这种心态成年后带给我的情绪地雷就是：对于别人评价我的工作异常敏感，对方哪怕是中肯的建议，我也思来想去，认为在提醒我什么地方做得不好，引申为对我能力的怀疑。

你看，对于同一句话、同一件事，每个人的反应太不一样了，很可能别人无心一句话你就觉得难过到不行。但是换一个人听到类似的话，却不会有什么特别的反应，那为什么就我反应这么激烈？

这种让你情绪格外激动的事情，就是你的"情绪地雷"，这个"地雷"必定事出有因，你要去把它找出来、拆掉它，才能让自己重新获得自由。

怎么把这些情绪的节点找出来呢？这就是"情绪开关"。

这也是我从《简·爱》这本书里得到的思考。

常见的思维陷阱：自信与自卑

罗切斯特比简·爱年长将近二十岁，财富和地位远远超越她，彼此之间是老板和雇员的关系，所以，两人在爱情中起初并不对等。

爱上罗切斯特之后，简·爱得知了情敌的存在——年轻貌美的贵族小姐英格拉姆，在桑菲尔德庄园的一次家宴上，英格拉姆小姐登场了，书中这样描写："一身东方装束，一条大红色围巾像腰带似的缠在腰间，一块绣花手帕围住额头，她那形态美丽的双臂赤裸着……她的体态和容貌、她的肤色和神韵，让人想起了宗法时代的以色列公主。"

目睹英格拉姆小姐的美貌之后，相貌普通的简·爱变得不自信了，觉得平凡的自己完全落败，她有了强烈的危机感。你看，简·爱虽然追求男女平等的爱情，但她很在意阶级和金钱这两样客观条件，她从心里觉得自己配不上罗切斯特，至少不如英格拉姆小姐配得上。简·爱所追求的男女平等，是希望在爱情中，自己能在物质和地位上达到和对方一样的高度，否则她就会觉得低人一等，不敢轻易开口谈爱情。

这种想法让她自己陷入了被动之中。

于是，简·爱和罗切斯特就像在打哑谜一样，彼此喜欢，但是谁也没有先开口。直到罗切斯特用了激将法，说自己要结婚，简·爱才把真心话喊了出来，也就是那一段著名的告白："你以为，就因为我穷、低微、不美、矮小，我就没有灵魂没有心吗？你想错了，我的灵魂跟你一样，也完全一样有一颗心！"

很多人，也包括少女时期的我在内，曾经被这段爱情宣言感动得无以复加，但这段告白包含了很多情绪，不仅有简·爱对罗切斯特的感情，同时也有她的自卑，以及无力改变现状的无奈和愤怒。

这种自卑来自很多原因：幼年的经历、整个社会对于女性的不宽容、与罗切斯特在地位上的悬殊。而简·爱受过的教育又让她极力地想摆脱这种自卑，所以在很多场合，她都表现出一种高自尊的形象。她在当家庭教师的时候，拒绝接受罗切斯特的任何礼物，理由是"不喜欢"。实际上呢，是绕不开、放不下自己的自尊心，因为她不具备罗切斯特同等的物质条件，收到礼物会觉得还不起。

所以，她的爱情宣言还有后半段——"要是上帝赐给了我一点美貌和大量财富，我就要让你感到难以离开我，就像我现在难以离开你一样"。

你有没有发现，简·爱所说的平等是建立在美貌与财富之上？换句话说，简·爱认为自己不及罗切斯特富有，也不美丽，所以不足以被爱。她眼里的平等，恰恰是对自己的不公平，她在这场爱情中把自己放在了很低的位置。

面对简·爱的告白，罗切斯特也表明爱意，就在两人准备结婚时，更大的难题出现了：简·爱突然得知，罗切斯特还有一个妻子，两人保持着法律上的夫妻关系。这是一位显赫的世家千金，她的家族有遗传精神病，罗切斯特的父亲早年为了让儿子获得对方家族的财富，撮合了这桩婚姻。

婚后，罗切斯特才发现妻子患有精神病，甚至疯狂到杀人放火，无奈之下，罗切斯特把妻子带回英国，常年禁闭在桑菲尔德庄园的阁楼里。

简·爱忍受不了罗切斯特的隐瞒，连夜逃离桑菲尔德庄园，也逃离了自己的爱情。

故事进行到这里，貌似简·爱和罗切斯特已经没有在一起的可能了，但作者笔锋一转，让故事有了一个相对圆满的结局。罗切斯特的妻子在一次发病时，放火烧了桑菲尔德庄园，为了抢救大火中的妻子，罗切斯特自己也掉进火海，导致双目失明、左手截肢，而他的妻子则在这场大火中丧生，曾经富丽堂皇的桑菲尔德庄园，一夜之间变成废墟。

而简·爱在离开庄园之后，找到新工作又继承了叔叔的遗产，但她一直忘不了罗切斯特，于是重新回到桑菲尔德庄园。此时的罗切斯特残疾而且家道中落，简·爱却觉得此刻的这个男人，才是真正需要自己的那个丈夫。

故事的结尾，充满理想主义色彩，让原本财富地位悬殊的两个人瞬间调换位置，终于实现作者强调的"平等"，获得最终的幸福。

简·爱这个形象放在当时来看，具有很强的超前意识。但是如果放到今天，简·爱所追求的男女平等，未必对女性是真的公平。

第一，简·爱很难接受自己比另一半的外在条件差，如果在物质和地位上低于对方，她就会觉得低人一等，这让她在感情中很被动、很憋屈。生活中也有一些这样的女性，她们跟和自己条件差不多的甚至比自己条件略差的异性，能用平常心去相处。但是碰到条件特别好的异性，就总会患得患失："他的职位这么高，身边一定围了很多女生吧，为什么会喜欢我啊""他父母会不会瞧不上我啊""他的朋友会不会说我们俩不般配啊"等等。

第二，简·爱对于男女平等的追求，不是建立在自信之上的，反而是建立在自卑之上的。

我曾经认识一个女孩，她的男朋友经济实力很强，而她又怕别人说自己和男朋友在一起是为了经济利益，所以每次约会吃饭，都执意AA制；男朋友送她一件礼物之后，她务必回送一个同等价位甚至更贵重的礼物。最后不仅经济吃不消，还让男朋友误认为她是想表示"不欠人情债"的意思。

追求男女平等，这并没有错，每个人都有追求人格平等的权利。但是，"平等"并不是在所有方面达到"对等"的程度，比如说，在人脉资源、级别职位、金钱，甚至是生理特性上，人和人的确存在差异，很难完全对等。

所以，想要实现真正的平等，我们首先要从"客观地面对差异"这件事开始。比方说，女性要面对的生理期、怀孕期和哺乳期，在这些时候，确实不能一味地逞强，在接受男性的照顾和帮助时，不用觉得自己很脆弱、不坚强。

只有当我们看见差异、客观地面对差异，才能自信地去追求平等，而不是自卑地维护平等。

你看，自信和自卑经常是思维陷阱，表面非常自信的人很有可能是为了掩饰内心的自卑；看起来很怯懦的人，在某个自己擅长的领域，也会拥有和外表完全不同的自信。

自信和固执的区别是什么

很多人在工作中都会面临一个选择，当外界有不同的声音和评价时，到底要不要坚持"做自己"？之前有一位读者跟我说，老板交给他一项任务，让他做一份行业调查报告。这位读者花了一个月的时间，终于做好了。老板看过之后，觉得他的研究方向有问题，就提出了几点建议。

这位读者很苦恼："我做了很多调查，研究了很久，应该比老板更了解情况。我想要坚持自己的想法，但我怕因此而得罪了老板；如果听从老板的想法，我又觉得自己太没主见，到底该怎么做呢？"

这种进退两难的情况相信很多人在生活中也都遇到过：坚持自己吧，容易被人说成是固执；不坚持呢，又给人不自信的感觉。

自信和固执，有时真的很难分辨。

不仅我们如此，一百多年前的简·爱也是这样。一直以来，读者对简·爱这个人物的评价褒贬不一，有人说她自信独立，懂得先谋生再谋爱；也有人说她的性格太过固执，有时会误解别人对她的好意。

那么，生活中的自信和固执究竟指什么？在什么样的情况下我们要坚持己见，什么样的情况下要听取别人的建议和评价？

这个答案在简·爱身上也能找到。

夏洛蒂·勃朗特在小说中，描写了简·爱人生的四个时期，分别是：寄人篱下的童年期、在慈善学校度过的青年期、在桑菲尔德庄园时期以及重回庄园时期。在四个时期里，她的心态和性格也在逐渐改变。

简·爱自信吗？她当然有自信的方面。

她具备独立谋生的本领，是一个经济独立的女性。十九世纪的女性，大多没有工作和收入，把嫁人当作是终生奋斗的目标，追求的理想婚姻都是奔着物质财富去的，而简·爱有一句很著名的话，叫作："靠诚实的劳动换来的面包，比不劳而获的面包更香甜。"作者在书里用了很大篇幅描写她怎样学会裁缝、绘画、多门外语等技能，随便翻开一页，我们都能看到简·爱正在读书的情节，因为成长和积累，她在罗切斯特面前才会表现出真实的自信和不卑不亢。

所以，究竟什么是自信？自信是对自己能力的一种确定，是发自内心的自我肯定，是"我知道我能做成什么事情"，"我知道我能达成什么目标"。

这种确定，不依赖于别人的评价，是建立在你的能力和经验上的。

简·爱的自信还体现在"敢于拒绝"。

发现罗切斯特有位疯妻子之后，她离开了桑菲尔德庄园，因为她很清楚自己想要的是建立在爱情上的婚姻，而她和罗切斯特的感情当时无法走向婚姻，她不可能无名无分待在罗切斯特身边。

后来，简·爱重新回到桑菲尔德庄园，原本的豪宅成为废墟，罗切斯特也受伤致残，原本的光环和物质财富都不复存在，在世俗观念里，这个男人早已不是优秀的结婚对象，但简·爱毫不犹豫地嫁给了罗切斯特，因为这时，她可以实现自己真正的目标了，那就是和爱人结婚。

所以，简·爱的自信还体现在，"我知道我想要的是什么"，"我知道什么是我必须拒绝的"，这种清晰的判断，不依赖于外界的标准，而是建立在对自己充分了解的基础上。

但是，简·爱同样是固执的，她的固执来源于性格，在小说的前半段，她是一个情绪不稳定、很容易发怒的小姑娘，从小失去父母，唯一疼爱她的舅舅也过早离世，她受到了很多委屈。在这种环境下长大的简·爱，很多时候就像是一只小刺猬，对外界很敏感，一旦察觉到自己被冒犯，就毫不留情地竖起身上的刺。

所以，她有时候会曲解别人的好意。

比如，第一次来到桑菲尔德庄园时，女管家费尔法克斯太太接待了她。这位女管家态度和蔼可亲，在书中，作者用了大量美好的词汇来描述她，用简·爱的话来说，她对这位可敬的老太太很有好感，甚至让她有了家的感觉。

就是这么一位nice的老管家，简·爱也对她抱有过不那么nice的想法。

简·爱准备和罗切斯特结婚时，管家太太出于好心，含蓄地提醒三思而后行，但简·爱却曲解了她的好意。管家太太是这么说的："在这类事情上，地位和财产方面彼此平等往往是明智的，何况你们两人的年龄相差二十岁，他差不多可以做你的父亲。"

简·爱很恼火，反驳道："他丝毫不像我父亲！谁看见我们在一起，都绝不会有这种想法。罗切斯特先生依然显得很年轻，跟有些二十五岁的人一样。"

管家太太依然不放心，继续说道："对不起，让你伤心了，可是你那么年轻，跟男人接触又那么少，我希望让你存一点戒心，老话说，闪光的不一定都是金子，我担心会出现你我预料不到的事情啊。"

这下，简·爱的怒火被点燃了，她大声说道："为什么？难道我是个妖怪？难道罗切斯特先生不可能真心爱我吗？"

从旁观者的角度来看，管家太太每句话都是出于真心的提醒。她作为管家，受雇于罗切斯特，而她让简·爱提防自己的雇主，是要冒着多大的风险，或许会丢了工作，所以她不可能说假话故意让简·爱生气。

但简·爱不考虑这一点，她的回答，一听就知道是陷入爱情中、失去理智的女孩所说的话。

这是不是自信呢？看上去她也是在坚持自我啊。

这不能算是自信，我们在前面说了，自信是建立在对自己的能力和需求很确定的基础上。而在这里，简·爱是按照自己的脾气、情绪、感情在做决定，完全听不进去别人的善意劝告。

这就属于固执了。

结果证明，管家太太的担忧是正确的，罗切斯特对简·爱隐瞒了自己还有一位患有精神疾病的妻子。

说到这里，我们再去看开头留下的问题，是不是也就有答案了呢？

在生活中，自信和固执是一回事吗？

从简·爱这个人物的身上就能看出，自信和固执是截然不同的两种特质，自信是简·爱的优点，这是建立在她对自己的能力和需求清晰认知的基础上。

而固执则是简·爱性格当中的雷区，她有时听不进去别人的意见和声音，习惯按照自己的脾气、情绪和感情做判断。

那么问题来了：简·爱为什么在很多时候会表现出高自尊、很固执的性格特质呢？这是由于，简·爱的心理防御机制在影响着她的一举一动。

隐藏的情绪地雷："心理防御机制"

"心理防御机制"这个理论是著名心理学家弗洛伊德提出来的。

我们可以把它看成是一种心理上的自我保护法，借由自我美化、自我欺骗来掩饰或伪装我们的痛苦、紧张、焦虑、尴尬，甚至罪恶的心理。

比如在生活中，我们说有些人"死要面子活受罪""吃不到葡萄说葡萄酸""此地无银三百两"，这几种心态看起来没有什么联系，但本质上都属于自我防御机制。

心理学家发现，人们在感到外界对自己产生威胁时，会进行自我防御，本能地避开危险以减轻伤痛。在生活中，自我防御机制很常见，但是过度防御不仅会让自己活得很别扭，也会让周围人感到压力。

比如：求职失败了，很多人会自我解嘲说"这公司太没意思了""反正我也没想真来这儿工作"，其实呢，他们非常渴望得到这份工作，但如果承认了他们又会觉得很没面子。因为怕丢脸，想要维护自尊，所以否认事实。

再比如，失恋后有人会反复跟自己说："一定是我还不够好，一定是我做得还不够多。"这也是一种心理防御，为了减轻失恋的痛苦，只好把自己定位成一个"不够好"的人，在不断反省中寻求安慰。

还有些人嫌弃父母外表苍老寒酸，原生家庭不够"体面"，或者伴侣不够英俊和美丽，对感情藏着掖着。

这些现象虽然表现各有不同，但都是一种自我防御。

之前我提到了一位读者，老板安排他做市场调研报告，他不知道应该听从老板的建议，还是应该坚持自己的想法。坚持自己吧，他怕被人说成是固执；听老板的呢，他又觉得这样很没主见。

这位读者其实已经打开自我防御的模式了：如果他真正自信，对自己的想法非常肯定，那他会直接和老板沟通，尝试用专业去做说服。之所以会产生犹豫，是因为他无法接受自己的劳动成果被否定，但是又隐隐约约觉得老板说得对。

面对同事的质疑或上司的反对，真正的自信应该是基于专业能力上的沟通和坚持，说清楚"我这么做是有原因的""我的依据在哪里"，勇敢地去说服对方。如果对方拿出了比你更令人信服的依据，你也能坦然地接受和改进。而不是基于情绪、脾气和感性去坚持，"你不让我做，我就非要搏一把""你要反对我，我就偏要坚持到底"，这就变成了一种固执。

自我防御过度，往往是隐藏着的情绪地雷，通过反驳、愤怒、抗争、破坏甚至更加激烈的方式表达着自己的感受，因此，如果希望在生活和工作中收获真正的自信和平静，我们应该打开心防，勇于面对真实的状况。

就像简·爱，她离开桑菲尔德庄园之后，心态和性格都发生了很大的改变。

第一个改变，体现在她对舅妈的态度转变。

简·爱的童年时期，在里德舅妈家受过不少苦，她不是逆来顺受的孩子，对里德舅妈的态度就是以暴制暴。里德舅妈也曾表达过和解的意愿，但简·爱当时愤然拒绝。

面对这样一个深深伤害过自己的人，简·爱最终主动选择了放下，而不是强迫自己要表现大度。里德舅妈临终时，没有人在身边，简·爱去探望了她，并且对她遭受的痛苦感到真诚的难过，书中写道："简·爱弯下腰吻了吻她，深情地叫了一声'舅妈，亲爱的舅妈'。"虽然到最后，舅妈依然并不是发自内心地喜欢简·爱，甚至还对简·爱抱有怨恨，但简·爱依然陪伴舅妈度过了人生最后几天，妥善地安排了后事。

简·爱对舅妈的态度之所以剧变，并不是她突然想通了，也不仅仅是因为她骨子里的善良，本质上的原因是：她在经历了就业、爱情、继承遗产等波折起伏的生活之后，逐渐了解自己内心的需求，她从内心反思过自己是否也有不当和过激的行为，拆除了童年被虐待的"情绪地雷"，她不再执着于要论个谁是谁非，把舅妈和自己划到敌对阵营，而是能够从人性的角度与过去和解，这是阅历、自省和成长带给简·爱的底气。

简·爱的第二个改变，体现在她对罗切斯特的态度转变。

简·爱对罗切斯特的感情一直很坚定，但是在表达方式上，我们能够看出有明显的不同，刚到桑菲尔德庄园时，她对罗切斯特的态度其实是很别扭的。

比如，罗切斯特问简·爱："你想要什么？"简·爱回答道："你的尊重。而我也报之以我的尊重，这样我们就两清了。"

再比如那段著名的爱情宣言："你以为，就因为我穷、低微、不美、矮小，我就没有灵魂没有心了吗？你想错了，我的灵魂跟你一样，也完全一样有一颗心！要是上帝赐给了我一点美貌和大量财富，我就要让你感到难以离开我，就像我现在难以离开你一样。"

这像情侣之间的告白吗？

不像。更像是一种铁骨铮铮的宣誓。

而当简·爱再次回到桑菲尔德庄园，她的心态发生了很大的变化，她遇到过虽然合适但是自己根本不爱的结婚对象，于是更确信自己对罗切斯特的爱是如此真诚和强烈，她变得坦然了许多，拆除了爱情中自卑的"情绪地雷"。

反倒是罗切斯特在大火中受伤致残，面对简·爱，他丧失了自信，经常跟简·爱说："你还是走吧，去嫁给那个向你求婚的约翰吧。"

这要是放在以前，简·爱肯定会委屈和愤怒，但是现在，她非但不生气，反而对罗切斯特说："先生，你不必嫉妒，我的整个心是属于你的，即使命运让我身体的其余部分永远同你分离，我的心也会依然跟你在一起。"

你看，之前的那段爱情宣言虽然语气强硬，但包含的却是虚弱自卑的状态，好像一个小孩子挥舞着拳头在大人面前咆哮："你要知道，我也是很厉害的。"这种状态由于没有实力和心态支撑，显得特别可笑。

而现在的简·爱，语气柔和，态度却十分坚定，只有真正自信的人才会说出这样的话。

我的建议：学会制订"情绪恢复计划"

那么，怎样拆除情绪地雷呢？

很关键的一个词叫作：接纳。

接纳的意思是：不带任何评判地关注。

我曾经觉得"接纳"很容易，其实真正的接纳并不简单，客观面对自己的优点和缺点，客观承认自己的能力达不到，客观看清别人的确在很多方面优于自己，客观发现自己真的就是在为芝麻绿豆的小事而焦虑……拆除情绪地雷，我认为本质上是基于对自己状态的了解，还有对自我充分的自信，认为自己能够克服这些问题。

怎么把这些情绪的节点找出来呢？

我有一个坚持了很久的方法：我随身会带一个笔记本，从正面开始记录工作，从反面开始记录情绪，如果遇到一件事情让我情绪波动，我就把笔记本拿出来，简单记录下来到底是谁，发生了什么事情，还是遇到了怎样的意外，让我产生这种情绪。

就这样简单记录，不用评价，不用反省，不用写日记，就是简单写：什么时候，谁，为什么。然后就搁置它。过一两天又遇到某件事情，让我难过或者生气，我察觉到了，就再把笔记本拿出来，简单写下是谁，是什么事情，让我有这种感受。

这个习惯我坚持了很多年，起初是用笔记本，后来在手机里设立了一个备忘录文档，一次一次地记录。如果你也开始这个习惯，只要一个月左右就能找到自己的情绪规律。而情绪地雷就隐藏在规律中，是这些人、事、时、地、物的交集点，比如说，我会在好几次的记录中发现，啊，原来我每次都是因为这个人生气！

我还发现自己特别不能忍受变化，比如约好的时间别人一迟到我就受不了，确定好的工作一改期我就很紧张。我对确定性的要求特别高，也要求自己做一个"守信用"的人，可是，生活毕竟不是机器，怎么可能配合得那么严丝合缝？于是，我就找到了自己的情绪反应特点。

找到这个地雷之后，我们就要真实、勇敢地去面对它。

如果总是这个人让我痛苦，我可以想一想，可以沟通吗？可以调整吗？还是我干脆就离这个人远一点？或是，如果我发现自己某个方面特别不能被批评，一有人批评，就失望破碎到极点，我就会仔细思考：为什么我会这样？是成长的过程中经历了什么事吗？还是我待人接物的方式需要调整？

有时，我们的情绪被某个人或某件事给绑架了，但因为没有认真剖析过，就一直察觉不到，任由自己深陷其中。无论是父母、夫妻、子女、朋友、同事还是其他关系，当你能够思考清楚到底你的人生要什么，到底你希望自己和对方用怎样的方式相处，你就会找到解决方法。

我拆除过最难的情绪地雷，是和两位好朋友一起创业，然后意见分歧，眼看友情和事业都要重创。

我们仨原本是很要好的朋友，创业本是句玩笑话，谁都没想到会遇上自媒体的风口。事业逐渐有了规模之后，我们在经营思路上的差异越来越明显，每天都会争论，既耽误工作也影响情绪。我认为自己对行业趋势的判断是正确的，同时我是持股比例最高的股东，当时我们已经融资到第三轮，是个很被投资人看好的项目。

怎么办呢？情绪或许还能伪装，但工作业绩伪装不了。我考虑再三，还是通过全体股东会议的形式，大家共同表决，也可以由公司进行股份回购。这个过程艰辛极了，既有友情的撕扯，也有利益的争执，还有情绪的对抗。

但是，最终依然解决。

无论退出，还是留下，每个人都在公正公平的情况下，获得了自己希望的结果。

其实，除了让我难受的事情，我还会记录让我开心和幸福感很强的事情，所以翻看自己的"情绪记录本"很有意思——这绝不是一本灰暗的情绪吐槽手册，而是真实装载着我的日常，是我的情绪"晴雨表"，我发现亲情、友情、美食、好电影、有意思的家居物件能够迅速把我从情绪雷区中拉出来，我就更多去做这样的事情。

人文学者钱理群先生的一段话给我很多启发，钱老给自己定了三条规矩："观察，不轻易下结论；等待，很多事情现在不能着急，需要有耐心；坚守，要坚守自己的价值判断，不能在一片混乱中跟着大家走。"

观察，等待，坚守。这样的处事守则，对我们处理情绪问题同样适用。

在拆除情绪地雷的过程中，我有一个很大的变化，那就是：越来越能听得进去别人的话，但不太容易被别人影响了。

说实话，以前的我看上去很谦虚，却不太能听进去别人的话，有意思的是，思想倒是很容易受到外界影响。为什么呢？因为我既盲目自信，内心又很自卑。盲目自信让我屏蔽了和自己不同的观点，热衷于表达自我，而不是倾听别人；自卑呢，又让我很容易从内心里否定自己，瞬间就被外界掰直或拧弯。

现在不同的是，我形成了自己的价值观闭环，稳固但留有空间，不同的人、差异的观点如同潮水拍打，对外界开放度更高，内心反而像不断被冲刷的海岸般坚定。

　　所以，我今天再去阅读《简·爱》，得到的是与少女时期截然不同的收获，从暴烈恢复到平静。

第七章

总爱错人，怎么办？

感情本身没有对错之分，什么叫"爱错人"呢？

我的理解是：这个人不能回报我们爱，

或者不会给我们带来幸福感，我们无法在这段感情中获得成长，

反而不断失望，折损、消耗掉了自己本来的能量。

大约十年前，我经常去一家私房菜馆，老板是一对夫妻，丈夫掌厨，妻子管账。太太特别能干，身兼前台、领班、服务生、财务，要照看上小学写作业的大女儿，还有刚刚会走路的小儿子。有时，掌厨的丈夫到包厢陪客人聊天，于是我们有机会被他的言论震惊到："我对我老婆特别好，从来都不打她！"

　　这也叫好？这底线太"别致"了。但是老板娘没有半点反对，笑说："就是就是，我老公对我忒好！"仿佛为了佐证夫妻恩爱，收银员仓皇跑进包厢说："老板娘，你刚少收了一百块钱！"话音未落，丈夫熟练地反手一个耳光打在妻子脸上，现场所有客人惊到凝固，老板娘左脸瞬间腾起五根手指印，可是，她捂着脸笑眯眯地说："没事，他脾气急了，他是家里主心骨，情绪不好要发泄发泄。"她无所谓地张罗我们吃饭。

　　但是，所有人都兴致索然，后来再没去过那家餐馆。

　　很久之后，我看到餐馆大门挂着巨大的"转让"招牌，于是询问隔壁超市的人，才了解到厨师丈夫某次失手把妻子推下楼梯，妻子骨折伤得很重，店里从此没人张罗。

特别不凑巧的是，上小学的女儿查出白血病，父亲拒绝花钱给孩子看病，老板娘流着泪拖着病腿关店。

再后来，我偶然听到老板娘的消息：她的厨师丈夫几年前借酒浇愁，醉酒后在交通事故中被撞成重伤去世。老板娘带着儿子改嫁，女儿已经因为白血病去世。唯一不变的是，她在新家里依然操劳辛苦，依然把丈夫看作主心骨，依然被家暴，但她依然觉得这就是生活的常态。

老板娘让我想起某类女人，她们分明具备良好的生活技能，即便爱错人，也拥有重新开始的能力。可她们偏不，她们总是一次又一次陷入相似的情感困境，重复着上一段感情中的问题，让错误的亲密关系成为一生中最大的情绪消耗，这是为什么呢？

我读完王安忆的长篇小说《长恨歌》后，发现在女主角王琦瑶身上综合了这个问题的答案。

于是，我把王琦瑶作为本章节的案例。

不要让亲密关系，变成情绪消耗

王安忆被称作"继张爱玲之后的海派文学代表"，这本小说首次出版是在1995年，刚问世就获得了第五届"茅盾文学奖"，并且入选"二十世纪中文小说100强"。它以二十世纪四十年代到八十年代的上海为创作背景，描写上海寻常家庭生活细节，以及女主角王琦瑶四十年的感情经历。王琦瑶是典型的弄堂女儿，出身平凡，外貌有一些优势。她期望以此跻身上流社会，在不断寻求依靠的过程中，一次又一次落空，最终结局凄凉。

很多读者不喜欢王琦瑶，因为她总想着依赖男人，喜欢跟身边人攀比、算计，活得不痛快，爱得也不畅快。其实我觉得这很真实，因为女性不是生来具备独立、清醒、成熟等特质，而是经历了漫长的成长过程，其间，同样可能遇到王琦瑶面临的诱惑和难题——爱情产生的情绪困境，有时比它带来的快乐更多。

《长恨歌》开篇，王琦瑶是个中学生，她偶然参加了上海小姐选秀——"上海小姐"是二十世纪四十年代的选美活动，类似现在的"香港小姐"。在同学蒋丽莉和摄影师程先生的帮助下，王琦瑶获得了第三名，被称为"三小姐"，由此展开充满故事和变数的一生。

在一次酒局上，王琦瑶被国民党高官李主任看中，李主任当天用汽车把王琦瑶送回家，紧接着就约了第二天晚饭，第三天就到老凤祥给她买了宝石戒指。乱世中的王琦瑶把李主任看作"靠山"，很快住进他安排的"爱丽丝公寓"，过上金屋藏娇的情人生活。李主任带给她优越的物质享受，但同时王琦瑶也承受着独守空房的寂寞。王安忆写道："李主任却是大世界的人。李主任说来就来，说走就走，来去都不由己，只由他的。李主任不是接受人的爱，他接受人的命运。他将人的命运拿过去，一一给予不同的负责。王琦瑶要的就是这个负责。"

在爱丽丝公寓的时光没有持续很久，李主任就死于一场空难。失去了靠山的王琦瑶逃到乡下外婆家避难，小说的第二部分从这里展开。在外婆家，王琦瑶度过了一段相对平静的生活。风平浪静之后她回到上海，这是1954年，她二十五岁，住在一个叫作"平安里"的弄堂，开了家小诊所，从事简单的护士工作，开始自食其力的生活，在工作之余，王琦瑶认识了几位新朋友，严家师母就是其中之一。严师母大约三十六七岁，是一个家境良好，颇为讲究的主妇。

"严师母总是在下午两点钟以后来王琦瑶处，手里拿一把檀香扇，再加身上的脂粉，人未见，香先到。"

严师母看得懂王琦瑶朴素之中的精致，她的出现带给王琦瑶两个重大改变：第一，更加注意自己的着装打扮，她们经常一起约着去烫头发，一起聊服装搭配；第二，介绍她认识了富家子弟康明逊，他是王琦瑶这一生唯一孩子的父亲。

王琦瑶和康明逊在严师母的牌桌上认识，彼此互生好感，反复试探后终于接纳对方，并且未婚先孕。王琦瑶期待过康明逊娶她，但康明逊却担当不起做父亲的责任，而且，康明逊的家族决定了他没有自主权，只能接受父母安排的婚姻。

就在王琦瑶有了孩子并且决定独自抚养孩子之后，她遇到了一位老朋友——程先生。程先生才是王琦瑶最早认识的异性，就是在他的推荐和出谋划策下获得了"上海小姐"选秀比赛第三名。王琦瑶知道程先生对她的感情，但她不满足于嫁给普通人过平淡日子，所以当李主任出现后，立刻毫无压力地放下程先生。对于程先生的痴心，王琦瑶说："程先生是一个已知数，是无着无落里的一个倚靠，退上一万步，最后还有个程先生；万事无成，最后也还有个程先生。"这个评价相当冷酷和现实。

王琦瑶和程先生再次相遇，是在淮海中路上的典当行。十二年过去，应该是1960年了。程先生面对怀孕的王琦瑶，毫不犹豫地担负起照顾母女生活的重担：

"程先生把他工资的大半交给王琦瑶作膳食费，自己只留下理发钱和在公司吃午饭的饭菜票钱。他每天下了班就往王琦瑶这里来，两人一起动手切菜淘米烧晚饭。"

在现实生活中，程先生的贴心很少有男人能做到。

这时，孩子的亲生父亲康明逊又在干什么？他只做一件事，那就是排队：上午九点到中餐厅排队，下午四点到西餐厅排队，等着吃饭，等着喝咖啡。虽然他出身富有的资本家家庭，但那时处于三年自然灾害期间，有钱未必能买到吃的，排队排晚了就会吃不上。

这么一对比，谁真心谁假意已经很清楚了。面对真诚的程先生，王琦瑶并没有选择跟他在一起。时间到了六十年代，程先生被冠上莫须有的罪名，屈辱地选择了自杀。

小说的第三部分从王琦瑶的女儿薇薇十五岁写起，薇薇出生在1961年，十五岁时是1976年。

随着女儿的长大、出嫁、出国，王琦瑶的生活压力减轻了，她偶尔为了消遣去参加一些舞会，五十岁出头的王琦瑶，在舞会上开始了一段短暂而没有结果的忘年恋，对方是一个比她小很多的英俊年轻人，外号叫"老克勒"。

"老克勒"这个词被普遍认为是英文"old clerk"的音译，特指二十世纪二三十年代生活在老上海的白领阶层，他们深受西方文化影响，追求生活品味与品质：当人们用音响听歌，老克勒在听老唱片；当人们用上了电子表，老克勒戴的是老式机械表；当人们流行去咖啡厅喝咖啡，老克勒喝的是自家小壶煮的咖啡。

书中这位老克勒并不老，只有二十六岁，也是王琦瑶一生中最后一段恋情。老克勒恰恰被王琦瑶来自旧时代的情调打动，这一次，陷入恋爱的王琦瑶把李主任给她的那个西班牙雕花木箱转赠给了老克勒，木箱里装的是满满的金条，是当年还住在爱丽丝公寓时李主任的礼物，这盒金条王琦瑶保存了小半辈子，陪她跨越了民国、新中国、"文革"、改革开放这四个时代，即使在最艰难的时候，也没想过要动用它。

但是，老克勒出现之后，王琦瑶竟然要把这盒用来养老的金条转赠给他，由此可见两点：第一，王琦瑶动了真感情；第二，在王琦瑶看来，只要对方愿意接受这盒金条，就等于接受了自己的后半辈子。

她甚至对老克勒说："现在我想把这个交给你。我不会拖你那么久的，我只想让你陪陪我。"听上去既真诚又可怜。只可惜，老克勒再怀旧，终究是个无法安定的年轻人，面对王琦瑶的告白，他流着眼泪逃走了，再也没有回来，他把王琦瑶家的钥匙托张永红交还了回去。

张永红是王琦瑶的女儿薇薇的同学。在小说中，王琦瑶和张永红十分投缘，甚至比跟自己的亲生女儿相处得更好。按照常理，张永红是王琦瑶非常信任的晚辈，但她转手就把钥匙给了自己的男朋友——一个外号叫"长脚"的小混混。"长脚"拿到钥匙，半夜潜入王琦瑶家偷传说中的宝贝，结果被发现，"长脚"在慌乱中掐死了王琦瑶。

在小说结尾，王安忆写到了城市上空的鸽子、阳台花盆里的夹竹桃，用很意象化的描写给王琦瑶的一生画上了句号。

什么是情感中的"单向关系"

　　王琦瑶一生中有四段感情经历，分别是：程先生、李主任、康明逊和老克勒。为什么她总是在感情中受挫？是因为"遇到的人不对"吗？

　　二十岁的时候，我会这样想。

　　但是现在，我认为如果一个人总是遇见错误的情感对象，ta最应该反思：是不是自己的情感模式出了问题？

　　比如王琦瑶，她始终把期待寄托在别人身上，希望依靠别人得到保障，改变命运。她的四段感情都是"单向关系"，而不是"双向互动式的关系"。

　　"单向关系"不仅指单恋，也指在亲密关系中，一方过于依赖另一方，把期望全部寄托在另一方身上的这种心理和行为。

　　就像开篇我提到的那位老板娘，每次想起她，我都深深记得她说丈夫是全家主心骨的语气，仿佛自己是极其不重要的人，是情感关系中理所当然的弱势群体。

　　可是，无论开店还是在家庭中，她都承担了不亚于丈夫的职责，贡献了不亚于丈夫的价值，她的低姿态不仅拉低自己在夫妻关系中的地位，剥夺了自己的话语权，更带来了丈夫变本加厉的轻蔑——人与人之间的关系状态并不是一次性定型，而是在长久的了解、试探、拉锯中逐渐形成，任何人的主心骨都是自己，出让主动权只能让自己陷入情感被动。

我观察很久发现，"单向关系"有两种表现：

　　一种像王琦瑶，她看似很清楚自己要什么，比如她要李主任的钱、程先生的照顾、康明逊的婚姻以及老克勒的陪伴，但这些需求完全不在同一个层面，她不明白自己内心那个最重要的需求是什么：是要情感的尊重、物质生活的稳定，还是温馨的陪伴？所以她遇到不同男人索取的东西都不一样，她没有自己明确的目标，按照这个目标去寻找符合需求的人，她只好换个人就变个样子，结果阴差阳错，一样都留不住。

　　另外一种，像老板娘，她很害怕向丈夫提要求，好像自己不配获得关心和体谅似的，内心充满"不配得感"，觉得只有自己任劳任怨付出，才能维持一段感情和婚姻。

　　"单向关系"把需要两个人共同维系的亲密关系，变成了一个人的独角戏，"主演"感受到巨大的情绪消耗。

　　你看，住在爱丽丝公寓时期的王琦瑶，完全依附李主任，"吃饭睡觉都只为一个目的，等李主任回来"。至于李主任的工作、社会的变化、时局的动荡，她一概不愿花时间了解。追求更好的生活无可厚非，但走捷径的方式却非常不理性。王琦瑶的行为等同于找一个长期饭票，但是忽略了两个人之间的感情、日常的相处和平等的沟通。在生活中，"只考虑短期可见的收益，而不考虑长期风险"的捷径思维随处可见，在爱丽丝公寓的几年，王琦瑶确实享受了荣华富贵，但她过得一点也不快乐，并且丧失了长久的谋生技能。

　　上海解放后，李主任飞机失事身亡，王琦瑶不得不回归现实，她去乡下调养、休整，又花了好几个月去学习护士课程，才真正适应了自食其力的生活。

　　住在平安里时期的王琦瑶开了一家小诊所，结交了一些喝茶打牌的朋友，能够自力更生，也有点业余爱好，小日子过得挺不错，但她不甘心。有一次，她应邀去严师母家里做客，严师母家里很阔绰，有名贵的餐桌和奢华的欧式真皮沙发，王琦瑶向往奢华生活的心理又一次被触动，她把希望寄托在严师母的表弟康明逊身上。

康明逊首次登场的那个章节叫作《牌友》——王安忆的定位非常准确，康明逊和王琦瑶之间的关系从开始到最后，都仅仅只是一起打牌、吃下午茶的玩伴而已。王琦瑶看不清，单方面希望康明逊成为自己的依靠，但是这种希望对于康明逊太过沉重，他在同居之前先撇清责任，说："我算什么样的男人呢？在夹缝中间求生存，如果样样要靠自己，就更不敢奢望了。我什么事情都没有办法。"王琦瑶说："我求的只是你的心。"康明逊就说："我怕我是心有余力不足。"

话说到了这个分上，王琦瑶依然抱着赌徒的心态搏一把，生下两人的女儿，哪怕这个父亲丝毫不负责任。

在这段关系中，她不仅伤害了自己，也给女儿带来不必要的父爱缺失。

王琦瑶和程先生也是单向关系：程先生单方面付出，王琦瑶只负责接受。

在王琦瑶的人生当中，程先生是认识她最早的一个，也是爱她最深的一个。但悲剧的是，程先生始终没有走进王琦瑶的内心，而王琦瑶本来也有机会抓住幸福，但她不甘心自己拥有的只是平凡的幸福。

王琦瑶说她一辈子都靠自己，这是她对自己最大的误判——她最大的安全感来自早年李主任留下的那盒金条，这是终生保障。在随后的人生中，她总在寻求男性的保护，把希望寄托在别人身上，而她选择的男人总是承担不起这样的责任，因为他们自顾不暇——

李主任在战乱中逃亡，飞机失事；

程先生是个彻头彻尾的悲剧人物，总是一副时运不济的样子，最终难以承受生活重压，选择了自杀；

康明逊在王琦瑶怀孕后一走了之；

老克勒在满足了对"旧时代"的好奇心之后，也迅速离开。

几乎每一段感情都让王琦瑶元气大伤。

感情本身没有对错之分，什么叫"爱错人"呢？我的理解是：这个人不能回报我们爱，或者不会给我们带来幸福感，我们无法在这段感情中获得成长，反而不断失望，折损、消耗掉了自己本来的能量。

男人就像王琦瑶的"光源"，她矢志不渝地从男人那里获得爱慕和快乐，用"被男人爱"装点自尊和自信，其实真正的快乐从来不是外界的某个人给予，而是发乎自己的内心。快乐是一种自给自足的感情，当你内心里有快乐的光源，投射到外部事情上，其他东西就会闪闪发光。可是，如果快乐的光源在外面，不在你的内心里，必须依靠外人外物的单向照耀，那你就会处处倚赖别人带来幸福感，而这种幸福感通常是假象。

王琦瑶的一辈子，就活在这种假象里。

从"不配得"到"我值得"

这些年还有一对夫妻也让我印象深刻，那是一次读者会，他俩一块坐在第一排。

先生穿着休闲西装潇洒得体，仪态挺拔自信，好像时刻准备着做家庭的代言人；太太朴素微胖，穿着普通灰色大衣，眼神略慌张，常常用眼角打量丈夫的表情，随着他平静或高兴，随着他鼓掌或端坐。

读者会结束，先生有事先走，太太犹豫着对我说："李老师，耽误你几分钟时间可以吗？"

内向的女人想表达，一定是有事让她难受到了极点，我挽住她的胳膊。

休息室里只有我们俩，她说："我在婚姻中的不安全感越来越高，甚至到了惶恐的程度，觉得自己配不上丈夫和孩子，总是给他们买更贵的衣服，饭菜总是把最精华的留给他们先吃，希望他们看到我的付出后，对我更加尊重和认可，但事实并不是这样。"

我想起读者会上那个衣着光鲜的中年男人，问："他的衣服都是你买？他穿得很好，但是你也可以穿得更好一点。"我的女读者说："那不需要吧？我先生是公司高管，商务场合特别多，自然要注意形象；我做财务，很少外出，可以简单点。"

我再问她："那吃饭呢？吃饭总可以一样吧，为什么总把更好的让出去？"

她有点局促："可能是习惯了，我总觉得他薪水更高、更忙，对家庭贡献值更大，应该穿得、吃得更好一点。"

我接着问："你这样付出，他认可吗？"

她痛苦地吸了口气，摇头："不，他越来越理所当然。"

维系亲密关系的关键点之一是：认同彼此的付出。即便男人忙到很少陪家人吃饭，但女人认可他在为家庭积累和努力，两人之间就能平衡；女人即便收入低些，但男人感谢她在家务中的打点和忙碌，觉得价值感很强，就平等而愉快。

亲密关系的裂痕，很多时候来自不能体察对方的痛苦和努力，否定对方的价值。

心理学上的"不配得感"就是一种极低的自我价值观念，认为自己不够好，不值得别人对我好，不配拥有美好的东西。夫妻关系中的"不配得"看上去都是小事：让对方穿更贵的衣服，吃更好的饭菜，更迁就对方的情绪，更照顾对方的感受，自己却花费大量时间、精力去找打折商品，忍耐各种不合理。

其实翻译成内在心理语言就是：我不值钱，我用的东西也不值钱，我的情绪也不值钱。

并非男人不能穿得比女人贵，更不是锱铢必较和攀比，而是很多细节透露出男女关系的微妙：总是更照顾对方，说明在你心目中自己的优先次序不如他，他是你生活的重心和价值感的来源。时间长了，当一方未必总是领情，另一方就会感到痛苦和失落。

可是，能心安理得接受别人付出的男人，都会心安理得漠视这份情义，于是，女人的痛苦就成为必然。

和"不配得感"相对应的是"资格感"，在心理学中更有一种疾病叫作"资格感缺失"。这种疾病用情绪化的表述叫作"自卑"，但又和自卑存在很大区别。自卑，更多的是对自我的缺点进行的心理暗示；"资格感缺失"是对情感对等性产生怀疑而导致的病态心理。

另外，很多人的"不配得感"还可能因为低自尊。低自尊，是对自己的品质和价值有负面的信念，低自尊的人往往会认为自己不够好、没有能力、配不上自己身边的人（这个话题我们放在第九章具体解读）。

那么，怎样改善"不配得感"呢？我自己也曾经是个"承不起别人情"的人，所以，从自己的经历我想给你鼓励：通过正确的方法，能够改善自己的情绪状态。我试过三个好用的方法：

第一，请坚定地去发现自己的价值。

请想一想，你能够给别人提供哪些帮助、解决哪些问题？别人夸你有怎样的优点，因为哪一点而喜欢你？这就是价值。刚开始不要怕发现的事情很小，觉得不值得，哪怕很微小的事情只要对别人产生帮助，就都是价值，请把这些点点滴滴记录下来。

第二，请坚定地去发展自己的核心价值。

你最擅长做的事情，往往就是你的"核心价值"，比如我，我发现自己有两块核心价值，一是写作，二是毅力——我是个特别等得起的人，很多时候不是我特别优秀，而是我能够把别人熬走。所以，我日复一日地坚持写作，争取每年出一本有质量的书。找到了自己的核心价值，并且在这件事情中不断取得成绩；反过来，取得的成就和认可，又会坚定对自我的肯定，这就形成了正反馈循环。所以，拥有核心价值的人很少自我怀疑，因为ta已经得到过无数次的肯定和鼓励，从而保持对自己的信心。

第三，请远离那些习惯打击和讽刺你的人，一路收集正向反馈。

人在顺境中看不出鼓励的重要性，但是，每个人都有低谷、迷茫甚至自我怀疑的时候，每一句鼓励的话都会成为黑夜里闪光的星星，支撑着我们一步一步走出谷底，一点一点积攒起信心。

　　所以，我远离"刀子嘴豆腐心"的人，不结交习惯性打击别人的所谓"直性子"，不欢迎总是无理由提反对意见的人，我身边的朋友不多，但是他们能够客观评价我的行为，给我真诚的建议而不是打击。

　　拥有一件美好事物，最好的办法就是让自己配得上它。

　　当你感觉到自己"配得上"某个人、某件事，就会在关系中更加自如，情绪上更加松弛。

我的建议：爱情的本质，是更加了解自己

经常有读者说：筱懿姐，你的文章这么清醒，日子也过得很智慧吧？

唉，要真这样，就好喽——再清醒的人，也有拿不定主意的时候，也有慌乱的一刻，尤其在爱情中。

2014年，我和女儿的爸爸分手，开始了漫长的单身生活，于是有时间和精力"细看自己"，而客观地"细看自己"，大约是这个世界上最难的事吧。

什么是客观？就是让人连脚后跟都冒出了丝丝凉气却无法反驳。这样的冷静，很多时候是让人难以面对的。

我问自己：为什么离婚？是绝对过不下去吗？不是。

我和女儿的爸爸在恋爱时感情很好，可是真正结婚后，尤其是共同生活了一两年以后才逐渐发现，我们的人生目标不太一样。他希望生活停留在当下，从此安定而没有变化；而我却觉得每一天都是新的，还有很多可能。

谁对谁错呢？生活方式的选择没有对错，只有不同。

没有经历过深入的爱情和婚姻，一对男女永远不可能真正明确自己和对方的需求。

离婚后，我全力投入写书、开公众号，关注女性成长，单身生活忙碌而充实，很多年都丝毫不渴望爱情，因为真的有太多爱情之

外有趣的事情可以做。

我也坦诚面对了自己的情感需求：小时候，我喜欢学霸男生；成年后，我更爱在事业的某个领域远远超越我的男人；我承认自己的情感模式是"爱慕强者"，并非贪恋强者带给我的经济利益和光环，而是热爱他们不畏艰险、披荆斩棘的专注。

那么，问题就来了：貌似我也是个挺要强的女人啊，如何平衡和一个更要强的男人的感情？假如我再次投入爱情，我最希望从中获得什么？我用什么姿态和对方相处？

遇见他之后，我的答案逐渐清晰。

他事业不错，我也不差；他冷静客观，我也不再情绪化；他不爱虚荣消费，我则早已摆脱对名牌的迷信；他在私人情感中希望自我和真实的表达，我非常理解；我不适应过于黏稠的感情，他也同样。并且，我们都对婚姻持审慎的态度，除了感情，谁也不贪图谁，谁也不试图改变谁。

作家王欣曾说："能维持的感情和婚姻，要么一样强，要么一样穷，差距太大，真的会累。"

这句话，话糙理不糙。只是他性格强势，我就不能同样强势了，不然，必定不欢而散。

于是，最好的朋友心疼我在感情里很"软弱"，讲我老让着他。我说真不是，因为我了解自己的情感需求是"强大的男人"，这样的男人大概率都脾气比较倔，指望男人既老实又聪明、既事业有成还有大把时间，既刚硬又温柔，唉，那是我二十岁的幻想，现在早就梦醒了——这样完美的人不是没有，却凭什么刚巧砸到我呢？

我不觉得结婚是爱情最终的归宿，没有走进婚姻的爱情都是失败的。

因为真诚的爱情，本身就是一次探险。在探险开始时，没有人知道我们会到达怎样的终点。

而每一次诚实面对，都在积累我们对未知的勇气，对自我的接纳。

我们选择的爱人，都是当年自己的缩影，是我们最真实的情感需求，毕竟没有人拿枪逼迫你和他恋爱结婚。而且，那个人是当时我们所能找到综合条件最好的男人了——别轻易否认哦，说那时谁谁更有钱，谁谁更发达，他们都被我拒绝了。

亲爱的女人啊，我说的是综合条件，你当年选择的人一定有他被你喜欢上的过人之处，只是现在你不再爱这种人了而已。

要独立，还是做被人呵护的小娇妻；情人节想要的礼物是名牌珠宝，还是一本书，只要出于个人真正的需求，能让自己开心，都没什么不好。

了解自己需要什么、能做到什么，也明白对方需要什么、能做到什么，才能在爱情中保持舒服的状态。

而即便以上都做到，我们的爱情也未必天长地久，这是爱情的死穴，也是爱情的魅力。

王尔德说："爱自己，是终生浪漫的开始。"

一个女人的成长，不完全来自某个男人是否喜欢我们，更多来自我们喜欢自己，接纳那个真实的自己。

而王琦瑶的一生，似乎从来都没有爱上那个真实的自己。

第八章

婚姻挫败，怎么办？

你在自己幸福的状态下，才能收获幸福的婚姻和爱情。

我始终相信，良好的爱情和婚姻是两个开心的人彼此拥抱，

不是一对愁苦的人抱团取暖。

托尔斯泰最著名的长篇小说《安娜·卡列尼娜》开篇有一句名言:"幸福的家庭总是相似的,不幸的家庭各有各的不同。"

我不认同。

依照我看到的现实恰恰相反:幸福的家庭各有各的不同,不幸的家庭无非都是那几个相似的原因。因为每个人婚姻幸福的来源,其实完全不同。有人因为获得爱情而幸福,有人因为儿孙满堂而幸福,有人因为后顾无忧、事业成功而幸福,有人因为平等交流、被激发了梦想而幸福。让一个渴望激情的人拥有忠诚却木讷的伴侣,或者让一个期待儿孙满堂的人去过自由的丁克生活,无论外人眼中ta与伴侣多么般配,在本人看来都谈不上幸福。

2021年5月4日,比尔·盖茨夫妇宣布离婚,理由是:两人都认为,继续保持婚姻关系已经无法让彼此继续提升。

全世界震惊:什么?首富居然离婚了?这夫妻俩缺什么吗?金钱?名气?健康?儿女?价值观?凡俗世界渴望拥有的一切,他们都不缺。"彼此继续提升"这算什么离婚理由?这很重要吗?

是的，非常重要。至少在比尔·盖茨和梅琳达·盖茨这对前夫妻看来特别重要。

明白自己的幸福究竟来自什么，去哪里获得这样的幸福感，选择怎样的伴侣可以提供这种幸福感，是人生最重要的课题。婚姻中产生挫败感的原因大概有三个：

第一，得到的不是自己想要的。

第二，伴侣在别人眼里很好，但无法提供自己需要的价值。

第三，没有在婚姻中成为自己期待的样子。

所以，我选择了《安娜·卡列尼娜》，一百四十年前安娜的婚姻和婚外情与当下并没有本质的区别，反而因为时间的验证而更加经典，从安娜这里，讨论婚姻中的情绪和收获。

不幸福的家庭总是相似的

"幸福的家庭总是相似的，不幸的家庭各有各的不同。"托尔斯泰在这里说的"不幸的家庭"，不仅指安娜的婚姻，还有安娜的哥哥——奥勃朗斯基——的婚姻。

奥勃朗斯基的家族有着悠久的历史和高贵的血统，他因此在政府谋到了一份体面工作，日子过得顺风顺水。直到有一天，这种平静被打破了。奥勃朗斯基的妻子陶丽发现丈夫和家庭女教师偷情，愤而分居。分居第三天，家里全部乱套：孩子们没人看管，厨师和车夫辞职，女主人陶丽一直把自己关在房间不出来……然而，在这种情况下，奥勃朗斯基居然吃得好睡得香，一点也没有受到影响。因为他知道，只要妹妹安娜一来，家庭矛盾自然解决。

女主角安娜从彼得堡乘坐火车来到莫斯科的哥哥家，准备为兄嫂调解矛盾。在列车上，安娜和沃伦斯基的母亲坐在同一节车厢，下车时，安娜认识了来车站接母亲的沃伦斯基，她的美貌让沃伦斯基一见钟情。

安娜到了哥哥家，三言两语就说服了嫂子陶丽，为哥哥解决了家庭矛盾。是安娜特别擅长调解吗？不是。她的嫂子陶丽是一百四十年前俄国女性的缩影，为家庭和孩子付出全部青春，没有职业和收入，即便丈夫出轨也只能忍辱负重继续生活——这种状况在我们当下也不少见。

陶丽需要的只是一个台阶，而安娜恰好给她台阶走下来。

解决了哥哥和嫂子的问题，安娜收到邀请参加一场盛大的舞会，沃伦斯基向已婚的安娜大献殷勤，安娜迫于身份虽然没有做出明确回应，但内心已经动摇，按照行程，她在舞会第二天返回了彼得堡。

此时，安娜的丈夫卡列宁登场了。卡列宁是这部小说里社会地位最高的人物，他是政府高官，也是沙皇身边的红人。返回彼得堡的安娜，一直处于恋爱的眩晕当中，她的婚姻已经伴随着沃伦斯基的出现变得摇摇欲坠，最明显的一个标志，是她对社交的态度转变巨大，她开始热衷于参加各种舞会，因为在社交场上能见到沃伦斯基，很快，安娜就接受了沃伦斯基的表白，他们成为一对婚外的情人。

卡列宁起初没有察觉到妻子的变化，直到社交圈所有人都知道安娜和沃伦斯基关系异常，卡列宁才意识到妻子出轨了，夫妻俩必须谈一谈。

怎么谈呢？托尔斯泰在这里写得很耐人寻味："卡列宁的头脑里像起草公文一样，清楚地组织好了当前这次讲话的形式和顺序。第一，说明舆论和面子的重要性；第二，说明结婚的宗教意义；第三，如有必要，指出儿子可能遭到的不幸；第四，指出安娜自己可能遭到的不幸。"

这个细节体现了卡列宁刻板的性格，也更能理解安娜在婚姻中的感受——以她活泼又不安分的天性，肯定难以忍受丈夫的死板和教条，两个人之间可想而知没有爱情。但是，从当时社会的伦理来看，不能说卡列宁错误，他对家庭的爱是源于宗教和义务，得知妻子出轨之后，首先想到的不是情感而是荣誉，尤其儿子不能在上流社会丢脸。

那么，安娜的情人沃伦斯基又是怎样的男人呢？

我之前的描述，可能让你觉得他是个不学无术的纨绔子弟，或许你会认为，沃伦斯基只是和安娜玩一场情感游戏，他没有认真对待这段感情。

其实不是，沃伦斯基同情并理解安娜的处境。书中也有一个细节——安娜怀上了沃伦斯基的孩子，沃伦斯基说："我也好，你也好，都没有把我们的关系看作儿戏，如今我们的命运已经定了，必须结束这种自欺欺人的生活。离开你的丈夫，把我们的生活结合起来。"

安娜听完手足无措，因为她没想过要离开丈夫。沃伦斯基继续劝说她："不论怎样困难的处境都有办法摆脱，只要打定主意，不管怎样都要比你现在的处境好。"

实际情况是，沃伦斯基一旦和安娜私奔，他们将成为整个上流社会的丑闻，家族不再给他任何经济支持，事业也可能就此葬送，但经过权衡，沃伦斯基还是希望和安娜在一起。

由此可见，他至少没有回避责任，他在积极地想办法解决问题。卡列宁在和妻子安娜谈话之后提出要求：只要不和沃伦斯基在自己家里约会，他可以维持表面的和平，接受三个人共处的状态——这里做个说明，在当时的俄国上流社会，由于婚姻更多是家族和财产的结合，极少因为爱情，所以默许夫妻双方拥有婚外情人。

结果，安娜没有遵守，她和沃伦斯基有一次在家里约会，正好被卡列宁撞破，卡列宁恼怒之下决定和安娜离婚，并且夺走儿子的抚养权。

安娜痛苦地夹在两个男人中间，加上预产期临近，长期抑郁的情绪导致难产，差点丧命。生下和沃伦斯基的女儿小安妮之后，安娜放弃了和丈夫离婚的权利，也放弃了婚生儿子谢廖沙的抚养权，选择和沃伦斯基一起出国生活——这个选择真让人无语，她明明可以先结束婚姻，再和沃伦斯基建立新的家庭，和过去做个了断开始新生活，但是她没有这么做。

情节进展到这里，安娜的婚姻剑拔弩张。

你看，在现实中，幸福的家庭没有那么多，有矛盾的家庭占了大多数，而且所谓的"不幸"无外乎几个原因：对方外遇、经济负担、子女教育、父母干预、家务纷争……

一百多年前和现在，情况几乎一样。

婚外情能否解决婚姻中的问题

　　结束了短暂的旅行，安娜和沃伦斯基重新回到彼得堡，处境更加艰难。卡列宁不再让她和儿子见面，骨肉分离的痛苦导致安娜把所有精神寄托都放到了沃伦斯基身上。但是随着时间的推移，她对沃伦斯基的感情也很复杂——一方面，她憎恨沃伦斯基，认为自己现在的处境都是沃伦斯基造成的；另一方面，她又不得不依赖沃伦斯基，因为整个上流社会都不接受自己的行为，她除了沃伦斯基，没有别人可以依赖。

　　在近乎神经质的状态下，安娜和沃伦斯基的感情逐渐紧张，她总是控制不住怀疑沃伦斯基，害怕他会爱上别人，于是不断地刺激，逼他做出承诺。尽管沃伦斯基一次次妥协，耐心开导安娜的情绪，但实际上，安娜已经亲手把爱人越推越远。为了挽回沃伦斯基的心，安娜认为自己只剩一张底牌可打，那就是找卡列宁离婚。但是卡列宁的态度却发生了转变，他坚决不离婚，原因很明显——他心里不平衡。一方面，他是情感中无辜的一方，却落得形单影只，饱受社会嘲讽，失去自己最看重的名誉；另一方面，家庭丑闻影响了仕途，他晋升的希望落空了。

　　在这一段叙述当中，托尔斯泰为卡列宁增加了一段旁白，交代了他的身世：卡列宁是个孤儿，从小没有人倾诉心里话，他的社会地位是靠自己的能力获得的，位高权重之后，也不允许他敞开真实的自我，拥有知心朋友，他早已习惯于戴着面具生活。

在根据《安娜·卡列尼娜》小说改编的多部电影中，为了凸显安娜的无辜和主角光环，让她的私奔行为变得能够被同情，卡列宁被塑造成冷酷残暴的形象，事实上，那并不是托尔斯泰笔下的卡列宁。

不否认卡列宁确实有刻板虚伪的一面，即便在家人面前也很难摘除社会型的面具，但是，他勤奋廉政，有能力也有魄力，对婚姻和妻子尽到了责任。如果他娶的不是安娜，而是其他一个地位相当、没有那么多浪漫幻想的女人，完全可以过一辈子岁月静好的生活，可偏偏他娶了安娜——一个对情绪浓度要求特别高的女人，卡列宁已经付出所有爱，依然远远达不到妻子的标准。

所以，任何婚姻中的悲剧都有两面性，对于安娜，嫁给卡列宁是一场悲剧；对于卡列宁，娶了安娜同样是他的不幸。

既然卡列宁坚决不离婚，那就意味着安娜和沃伦斯基永远无法成为合法夫妻，沃伦斯基感到绝望，开始寻找一切机会外出逃避，但是安娜不能那么做，因为社会不允许。

在近乎癫狂的情绪下，安娜对沃伦斯基的爱转变成了仇恨，她想："沃伦斯基拥有一切自由，而我却一无所有。"于是，她每天都要找各种理由和沃伦斯基争吵，在一次争吵之后，沃伦斯基离家出走了。

安娜再也控制不住自己的情绪，她吸食过量的鸦片然后出了门。她内心情绪非常复杂，既想惩罚沃伦斯基，也想摆脱目前进退两难的状况，但她不知道究竟该做什么。

她来到车站，带着绝望和报复，身着一袭黑天鹅绒长裙，在火车站的铁轨前，让呼啸而过的火车结束了自己无望的爱情和生命，当火车从她背上碾过的一瞬，她突然反应过来，问自己："我这是在哪里？我是在做什么？我到底为了什么？"

婚姻中的挫败感来自哪里

　　安娜在两段感情中都没有得到真正的幸福，她和卡列宁结婚是基于门第和物质，两人没有感情上的吸引。遇到沃伦斯基，她以为是真爱，于是选择了私奔，但很快就发现"爱情"的浓度直线下降。

　　那么，安娜在这两段感情中的挫败感和不满足感究竟来源于哪里呢？

　　"爱情三角理论"是美国心理学家罗伯特·斯滕伯格的学术研究，也是目前分析爱情最常用的理论之一，他认为：爱情主要由三个基本成分组成，分别是激情、亲密和承诺。

　　"激情"接近于生理本能反应，是一种强烈渴望跟对方结合的状态，通俗说，就是看见对方会有怦然心动的感觉，与对方相处会有兴奋的体验。

　　"亲密"比"激情"更深入，因为"亲密"需要通过相处获得，它指的是在爱情关系中温暖共情的体验，比如：两个人之间愿意沟通、相互了解、相互支持、愿意为对方付出等等。

　　如果说"激情"和"亲密"更类似于情绪或是体验，那么"承诺"则是爱情当中最理性的部分，"承诺"指的是我们维持爱情关系的同意要约和保证，意味着两个人要在很多具体事情上达成一致，既包括"短期承诺"，也包括"长期承诺"。短期承诺可以理解为表白，长期承诺可以理解为履行爱情的忠诚和责任，是在亲密关系中的共识。

总的来说，构成爱情的三个部分就是激情、亲密和承诺——激情是"热烈"的，也是容易冷却的；亲密是"温暖"的，是在激情的基础上稳固成一段更长久的关系；而承诺是"冷静"的，是将短期恋爱上升为长期生活的关键。

同时具备这三个要素，才被称为"完整的爱"。

当我们清楚了爱情的三个组成部分之后，再反观自己感情上的选择和困惑，是不是豁然开朗呢？

发展一段健康、长久的爱情关系，需要同时考虑到激情、亲密和承诺这三个坐标。可是，很多时候我们要求的并不是完整的爱情，只是锚定了当中的某一个或者某两个坐标，即便投入大量时间和精力，也未必收获"完整的爱"，反而充满挫败感。

按照人物的出场顺序，先来看看安娜的哥哥奥勃朗斯基和他的妻子陶丽——他们虽然生活在一百四十年前的俄国，却依然是今天很多夫妻的缩影。作者用两句话描述出这对夫妻的现状："奥勃朗斯基今年三十四岁，是个多情的美男子；他的妻子比他只小一岁，却已是五个活着、两个死去的孩子的母亲。"即便已经有了五个孩子，奥勃朗斯基还是出轨了，对象是孩子们的家庭女教师。

面对出轨，奥勃朗斯基和陶丽的心态截然不同——

奥勃朗斯基理直气壮，作者写道："他认为，妻子已经年老色衰，失去风姿，毫无魅力，纯粹成了个贤妻良母，理应对他宽宏大量，不计较什么。"

但他没想到，这件事被妻子发现了，更没想到妻子因此跟自己闹矛盾，他虽然不爱妻子，但从没想过离婚另娶别人，他和家庭女教师出轨，只不过是在平淡生活里寻求一点刺激。

奥勃朗斯基唯一后悔的，是自己没能把出轨这件事瞒严实，以至于家里乱了套。

你看，这种心态是不是和今天一些事业上有些小成绩，经济收入在家里占主导的男性特别像？

妻子陶丽一方面觉得丈夫背叛了婚姻，既伤心又愤怒；另一方面，她为这个家付出太多，离婚以后没有经济来源，生活是个现实问题。所以，即便丈夫违背了婚姻承诺，陶丽也不会离婚，她用假装离家出走威胁丈夫，让他明白出轨是有成本的，以后不要再犯。

对于奥勃朗斯基和陶丽，他们的婚姻从一开始就没有激情和亲密的部分，只有双方对于婚姻的承诺——用"爱情三角理论"来看，一下缺少了两个角。

陶丽显然对婚姻不满意，她常常回想自己十五年的婚姻生活，每次只有一个感受，那就是"我得不到半刻安宁"。

即使这么痛苦，她也离不开丈夫，因为没有经济自由。

加拿大学者伊丽莎白·阿伯特在代表作《婚姻史》这本书里说："女人居于从属地位，是出现这种不以爱情为基础的婚姻的主要原因。只要男人控制家产，包括控制女人的收入，只要女人在法律上仍然服从于丈夫，只要法律还把妇女看成其丈夫的附属物，只要丈夫宣誓保护和供养妻子，而妻子也宣誓服务和顺从丈夫，实用主义的婚姻就会凌驾在基于爱情的婚姻之上。"

于是，奥勃朗斯基和陶丽各自妥协一步——奥勃朗斯基低声下气请求陶丽的原谅，并且请妹妹安娜帮忙调解；而陶丽呢，借着安娜调解的时机，原谅了丈夫。

你看，奥勃朗斯基和陶丽虽然对待出轨这件事的态度不同，但对待婚姻的态度是一致的——两人都是实用主义，基于现实利益不会轻易地解除婚约，这就是他们维持婚姻的原因。

再来看安娜、卡列宁和沃伦斯基之间的三角关系。

比起奥勃朗斯基和陶丽，安娜和卡列宁的婚姻有好的一面——首先，卡列宁是一个负责任的丈夫，他虽然刻板，但对待妻子和家庭尽到了该有的职责。其次，安娜只有一个孩子，她不需要像陶丽那样，整天围在一群孩子身边。她有大量的时间阅读和绘画，甚至还能写写小说。最后，安娜的外貌和言谈举止非常出众，她能从社交生活中获得一部分满足感，并不是完全的家庭主妇。

所以，在外人眼里，安娜和卡列宁的婚姻挺让人羡慕。

但是从"爱情三角理论"来看，安娜的婚姻跟她的哥哥奥勃朗斯基，并没有本质区别，甚至更糟糕。

安娜和卡列宁是基于门第和宗教的结合，从一开始就没有激情的部分。在相处过程中，两个人也没有培养出足够亲密的关系，夫妻之间最大的联系，就是对婚姻的承诺和对儿子的责任。但是，这两个人对婚姻的承诺和对儿子的责任的理解也完全不同。

安娜临死前说："我需要爱情，可是没有爱情，因此一切全完了。"这句话说明她人生最重视的就是爱情，在婚姻中最看重的也是爱情，责任和子女全都排在爱情之后。

安娜遇到沃伦斯基后几乎没有犹豫，立刻挣脱了妻子和母亲的身份，放弃了赖以生存的社交圈，成为一个为爱而生、为爱而死的女人。

如果硬要夸，我只能说她勇于追求自己的爱情和幸福；但是，她对于爱情的追求难道不是仅仅局限在本能欲望的层面吗？也就是"爱情三角理论"当中的激情部分，她追求的不是完整的爱情，只是热恋的感觉，并且把热恋的感觉当成人生中最重要的事，远远超越了家庭责任和自我价值。

她爱得接近疯狂，而疯狂都是短暂的。

安娜的恋人沃伦斯基能够承受这种疯狂吗？

不能。

首先，沃伦斯基的母亲极力反对，认为安娜毁了儿子的前途，沃伦斯基跟家人说："我的亲人如果要同我保持亲属关系，那他们就应该同我的妻子保持同样的关系。"

　　面对家庭压力，沃伦斯基明确站在安娜的立场，维护两人的感情。

　　但是，面对社会压力时，沃伦斯基和安娜很难以两个人的力量抵抗多方面的舆论。安娜最被诟病的问题在于：没有结束和卡列宁的婚姻关系，就和沃伦斯基公开同居，这个事实重婚的行为，被所有社会形态排斥，她丧失了社交圈和朋友关系，只剩下沃伦斯基这唯一的精神寄托。

　　其次，沃伦斯基明白，在追求爱情的同时自己不能放弃社交和事业，这是立足的根本，他说："我什么都可以为她牺牲，就是不能牺牲我男子汉的独立性。"

　　可安娜理解不到这个层面，她全部生活就是追求爱情、享受爱情，当沃伦斯基把生活重心转移到事业上，哪怕这种转移是为了两个人长久的生活，安娜依旧认为自己被冷落，更加歇斯底里。她越想握紧爱情，失去得越快。

　　最后，在安娜和沃伦斯基的爱情中，有激情，有一定程度的亲密，但是他们显然也没有达成一致的"承诺"：安娜始终要求热恋的感觉，沃伦斯基在激情过去之后，事业的需求放在第一位，两个人的目标不再一致，爱情的感受也越来越挫败。

　　这说明什么呢？如果没有保持更新，激情、亲密和承诺的三个角没有升级和变化，曾经和谐的爱情和婚姻，依然会走向破裂。

怎样修复婚姻的裂痕

修复婚姻的裂痕有两种方法：换一个人结婚，或者换一种方式与现在的伴侣相处。

2021年3月，传出亚马逊创始人贝索斯的前妻麦肯齐再婚的消息，再婚对象叫丹·朱伊特，是西雅图湖畔中学的化学老师。湖畔中学（Lakeside School）虽然是顶尖私立中学，还是比尔·盖茨的母校，但是跟麦肯齐五百七十亿美金的身家相比，化学老师的财产几乎可以忽略。

所以，很多人觉得麦肯齐下嫁了。

普通人对麦肯齐的好感来自离婚时的顾全大局——她原本可以和贝索斯平分财产，毕竟是结发夫妻，多年陪伴他创立亚马逊，一人包揽四个孩子的衣食住行，但麦肯齐没有这么做，她不但放弃了《华盛顿邮报》和"蓝色起源"的全部股权，连两人共同持有的亚马逊股权，她也只保留了四分之一（相当于4%的亚马逊股份），维护了贝索斯在亚马逊的绝对话语权和股东利益，把离婚对公司的影响降低到最小。

尤其，在离婚协议确定之后，麦肯齐立刻签署了"捐赠誓言"（Giving Pledge），承诺捐出至少一半财富。麦肯齐和丹·朱伊特的婚讯，也是从"捐赠誓言"网站公开，因为作为丈夫，朱伊特要在麦肯齐的捐赠承诺上签名。

朱伊特写道："写一封信表示我计划在有生之年捐出自己的大

部分财富，这不禁令人觉得有点儿奇怪，因为我从来没有拥有过那种让我觉得说这样的话会有特殊意义的庞大财富。巧合的是，我娶了我所认识的最慷慨、最善良的人之一，我和她共同承诺，要把巨额财富传给别人，为他人服务。"

朱伊特的语气，和麦肯齐的气质是多么类似啊。

因缘际会大多如此，我们纠结于公平不公平，合理不合理，却时常忘记，婚姻其实是两个男女自身需求的匹配，不是外人眼里的般配。随着财富和心智的累积，都会更加尊重自己内心的要求，贝索斯和麦肯齐的确曾经志同道合，就像麦肯齐对外界宣称的那样，她和贝索斯是互补婚姻，走到一起成为更强大的一对，这个阶段，他们共同创立了亚马逊，可是下一个人生阶段，两个人需求都变化了。

贝索斯更向往"放飞自我的爱情"，爱上了名利场上性感的桑切斯女士；麦肯齐则喜欢自己的朴素世界，不在意首富的耀眼和奢侈，她放弃了一部分物质利益，争取到行动和内心的自由。

那些不被外界看好的夫妻和情侣，为什么反而常青？因为表面看到的不配，不过是从出身、性格、地位、物质条件等得出的直接观感，但无论外人看来差距多大，这些伴侣只要满足自己和对方的需求，就是幸福的关系。借用罗伯特·斯滕伯格的"爱情三角理论"，他们既有激情的吸引，又建立了亲密的陪伴，还达成了一致的承诺。

但是，爱情和婚姻都是动态的，现在适合不代表未来适合，眼前圆满不代表持续圆满。

所以，幸福婚姻始终遵守着动态平衡。

有一次，我和一对创业夫妻吃饭，太太和先生我都认识多年，气氛也很轻松。先生举起手机对太太说："能不能别在朋友圈发你出去玩的照片？现在有五百多个员工，别人工作，老板娘跑出去玩，你让人家怎么想？一点都不注意影响！"

让我意外的是，向来温和的太太立刻变了脸色，严肃地对丈夫说："你没有权利要求我朋友圈发什么内容。第一，我很少出去玩，但我经常加班，并没有忽略工作，为什么不能表达自己工作之外的状态呢？第二，我朋友圈也不是天天海量发，有什么恶劣影响呢？第三，你有考虑过这样说是冒犯我的感受吗？"

一向爱面子的丈夫脸上挂不住，借口有事先走了。我问朋友："你这样不给老公面子，不怕他生气？人家平时在公司也是说一不二的。"

她自然地笑笑："我们是初恋，恋爱二十多年，结婚十五年，中间吵过无数次架也和好过无数次，连离婚都认真谈了几次，能走到今天还算幸福的状态，就是因为坦诚，不管他在公司是什么，在我身边就是我老公，就得尊重我的感受。你又是我们俩共同的好朋友，我们在你面前也会保持真实啊。"

我后来多次见过这对夫妻，丈夫大小场合都极其尊重和爱护妻子，妻子也同样。

我经常想到女方跟我说过一段话："爱情和婚姻都是变化的过程，能走长远的伴侣首先能当朋友，有很多共同话题，然后才有心动和亲密，不然再热烈的爱情最多一两年也会平静下来，但是，亲密踏实的感受只有和对方在一起才有，两个人的大方向也基本是一样的。"

她的话，就是"爱情三角理论"最简朴的解释。

那么，如果激情、亲密和承诺的三角变化太大，爱情和婚姻无法继续维持怎么办？

感谢当代社会，让女性不再像安娜的时代一样无法工作，无法养活自己，只能在错误的婚姻中消磨。有些婚姻的挫败感是只要离开那个人就痊愈了，像贝索斯和麦肯齐，重新启动一段"爱情三角"，换一个人认认真真恋爱和结婚，依然幸福。

或者像我那对夫妻朋友，在婚姻中不断调整与对方相处的方式，校准目标，保持向同一个方向眺望。

我的建议：幸福的婚姻，都擅长找到共同点

二十多岁，我觉得《安娜·卡列尼娜》是讲一个美丽的贵族少妇被她冷漠粗暴的丈夫豢养，失去了自由和青春，在虚伪的上流社会行尸走肉般生活。直到遇见翩翩公子沃伦斯基，安娜不顾一切追求真爱，冲破来自丈夫和世俗的重重阻挠，最后却被情人背叛。失去爱情的安娜在绝望中卧轨自杀，用生命对万恶的旧世界做出最后的抗争。

打从电影工业兴起，《安娜·卡列尼娜》已经被翻拍了上百年，饰演安娜的女演员从葛丽泰·嘉宝、费雯·丽到苏菲·玛索，都是一等一的女神，大多改编都把这部名著浓缩成了浪漫的爱情故事。

四十岁之后，我看了原著两三遍才确定，安娜难免有些自作自受，不太能让人同情得起来——她的丈夫卡列宁性格古板却学识渊博，连她婚内和情人生下孩子，都选择了原谅；她的情人沃伦斯基也对她忠贞不贰。

但自私又不成熟的安娜，打着真爱至上的名义，活在自己臆想的世界，性格缺陷严重，她的情绪崩溃和婚姻悲剧当然有时代原因，但更多是自己的问题。

在斯滕伯格的理论中，激情、亲密和承诺这三大要素组成了七种不同类型的感情：

第一种：喜欢式（Liking）

只有亲密，在一起感觉很舒服，但是缺少激情，也不一定愿意厮守终生，没有承诺，比如友谊。显然，友谊并不是爱情，喜欢并不等于爱情。不过友谊还是有可能发展成爱情的，尽管有人因为恋爱不成连友谊都丢了。

第二种：迷恋式（Infatuated love）

只有激情体验。认为对方有强烈吸引力，除此之外，对对方了解不多，也没有想过将来。只有激情，没有亲密和承诺，比如初恋。第一次的恋爱总是充满浪漫，却少了成熟与思考，是一种受到本能牵引和导向的青涩感情。

第三种：空洞式（Empty love）

只有承诺，缺乏亲密和激情，比如纯粹地为了结婚，就像奥勃朗斯基和陶丽。这种"感情"或许可以维持婚姻的形式，但缺少起码的情绪交流。

第四种：浪漫式（Romantic love）

有亲密关系和激情体验，没有承诺。这种感情崇尚过程，不在乎结果。

第五种：伴侣式（Companionate love）

有亲密关系和承诺，缺乏激情。更多的是四平八稳的婚姻，履行着权利、义务，也有"左手拉右手"的亲人之爱，但终归有些遗憾。现实生活中很多婚姻，都在此状态中。

第六种：愚蠢式（Fatuous love）

只有激情和承诺，没有亲密关系。以我比较贫乏的想象力，不太能理解这种关系，应该就是有生理冲动，还有一致目标，真的，这已经不错了。

第七种：完美爱情（Consummate love）

同时具备三要素，包含激情、承诺和亲密。

连斯滕伯格都把这种状态看作超现实的理想状态。

另外一种类型叫作无爱（Nonlove）：三个因素都不具备。最终的安娜和卡列宁，就是这种状态。

我自己经历了婚姻的解体，花了六年时间思考和走出过去，在我单身第三年时，遇到一个看上去很适合的结婚对象，男方倒是坦诚，直接摊开了说："我条件不错，还没有结过婚，我不介意你离婚，还有一个女儿，我希望我们能以结婚为目的相处，婚后很快要一个孩子。"

我问他："你为什么要找我结婚生孩子？我的生育价值不在巅峰。"嗯，我当时就这么说的，没有一点浪漫。

他答："因为你形象不错，又有一定的知名度，钱也是自己挣的。父母遗传给下一代的，除了智商就是财产。你的事业也取得了一定的成绩，说明你智商不低，这在教育孩子的过程中非常重要。"

这是我听过的最不浪漫却最不虚伪的表白，这个男人让我更明白，每个人对情感和婚姻都有非常具体的要求，只是大多数人不说透而已。但我没有"接单"，我直接跟他说："我们不合适。首先，我不奢侈，挣的钱够自己花，不需要再为了经济原因去跟别人结婚；其次我不想生孩子，我珍惜自由，并很爱我唯一的孩子。我对你没有生育价值，你还是去找一个和你一样期待孩子的人吧。"

他是个在婚恋市场非常受欢迎的男人，对我的回答挺意外，问："我们要不要相处一下试试？说不定你会改主意。"我乐了，说："一寸光阴一寸金，你也快五十了，别耽误时间了！我不渴望婚姻，我愿意投入其中的爱情必须是真诚的，是真正爱上这个人，不是爱上对方智商凑合、有生孩子的能力。"

他后来找到一位特别漂亮、很想当全职太太的女孩，一年半以后，我听说他有了个女儿，很幸福。而我，享受着自由地表达，自由地工作，自由地与父母朋友相处，自由地面对女儿，自由地选择爱情并找到那个合适的人。

我也觉得很幸福——当你很认真想清楚了人生每个阶段的需求是什么，并且对得住自己的需求，而不是被动去匹配别人的需求，就是一件非常幸福的事情。

你在自己幸福的状态下，才能收获幸福的婚姻和爱情。

我始终相信，良好的爱情和婚姻是两个开心的人彼此拥抱，不是一对愁苦的人抱团取暖。

第九章
嫉妒前任，怎么办？

《蝴蝶梦》里有一句名言：
"你我之间，她从未出现，却无处不在。"
不要让亲密关系中出现这样的状况。

读者跟我说的这件事，我知道很多女孩都有类似体会。

　　她说自己总是喜欢追问男友过去的感情经历，包括前任是什么样的，有哪些优缺点，甚至多方折腾去看前任的朋友圈。

　　甚至，她还借助自己做人力资源招聘工作的便利，面试了男友的前女友——唉，你看这有多折腾，对方并不符合招聘岗位的需求，但是，我的读者依然克制不住好奇心，总想看看前任是不是比自己"强"。那次面试，现场和事后都非常尴尬。因为只看到照片与现场见到真人，冲击力太不一样了。她把自己和对方从外貌到学历、举止、家庭等指标逐一对比，立刻进入对自己的短处不能释怀的状态，即使对方整体并不比她更优秀。

　　我遇到过不少有"感情洁癖"的读者，极其在意伴侣的过去，对伴侣以前的感情经历无法释怀，总想追问。虽然自己也清楚，那只不过是正常人都会有的普通经历，却依然过不了心理那道关。

　　这种强烈的情绪，表面上有各种各样的说法，而本质上大多来源于对伴侣过去的嫉妒，还有一个特定的心理学名词叫作"回溯型嫉妒"。

这个章节，我们来了解这种"嫉妒"情绪的产生和解决。

英国女作家达芙妮·杜穆里埃的小说《蝴蝶梦》原原本本描写了"回溯型嫉妒"的全过程，看到主人公的经历，就好像自己也体验了一次"嫉妒"和"治愈"，我们现在就开始这场情绪历程。

介意伴侣的"前任"是通病吗

用作者达芙妮的话来说：

《蝴蝶梦》是关于嫉妒的一项研究。

这本书走的是"双女主"路线，真正的女主角名叫吕贝卡，她从来没有出场过，从小说的一开始，她就已经不在人世了，但是她却影响到了书中的每一个人，所有情节也都围绕她展开。

另外一位女主角是"我"，故事以第一人称视角讲述，小说中的"我"是一位贵妇人的女伴，童年失去母亲，从小在父亲身边长大，父亲是一位画家，日子过得很拮据。因此，在父亲死后，她成为贵妇人的女伴，名义上是"女伴"，实际是一个相当于侍女的职业，每年可以获得九十英镑的报酬。

这位贵妇人有项爱好，特别喜欢结交有身份有地位的人，她经常去一个叫作"蔚蓝海岸"的豪华度假酒店住很多天，白天端坐在酒店大堂，只要看到上流社会的名人经过——类似作家、艺术家、演员，就想尽办法上前搭讪，贵妇人经常让女伴出面找名人们借书和报纸，用这个由头建立往来。

因此，当男主角德温特先生在酒店大堂出现后，贵妇人立刻眼睛放光，德温特先生是曼德利庄园的主人，这座著名庄园被外界传说得犹如人间仙境。

于是，贵妇人主动邀请德温特先生喝咖啡。

德温特先生是什么样的人呢？书中描述："他的面孔诱人、敏感，带着一种奇特的、难以言喻的中世纪味道。"交谈中，德温特先生对于贵妇人的热情毫不买账，反倒对女伴很主动，邀请女伴一起兜风。

兜了几次风之后，女伴陷入了困惑——德温特先生这样的贵族，没有理由对一个侍女表达好感。对此，德温特先生的解释是："你为我抹去了往事，如果不是你，我早就离开这里，到意大利和希腊去了。正是因为你，我没有四处漂泊。我邀请你出来是因为我需要你，需要你的陪伴。"

总而言之，女主角能够帮助他忘掉和前妻吕贝卡在一起时糟糕的回忆。接下来的进展类似王子爱上灰姑娘，两人只相处了短短几天，德温特先生就对女伴求婚了。但是，他的言行非常古怪，他似乎并不是因为爱才提出求婚，有两个细节可以佐证——

第一，如果他是真心爱着女伴，起码能够信任对方，把自己和吕贝卡之间的往事大致告诉她，比如：吕贝卡是一个什么样的人？因为什么去世？为什么自己对吕贝卡的回忆这么糟糕？

可这些问题德温特先生都没有交代，这导致了女伴在住进曼德利庄园之后，非常缺乏安全感，她只能旁敲侧击打听吕贝卡的一切，始终活在吕贝卡的阴影里。

第二，德温特先生似乎很需要女伴来满足自己的自尊，他经常毫无征兆地生气，陷入情绪当中，一旦出现这种情况，女伴总是特别慌张、手足无措。但是，对于德温特先生来讲，他很需要这种被他人完全关注的感受，这让他的自我满足感达到了顶点。

这两个细节让人怀疑，德温特先生究竟是不是真的爱女伴？但是，又有几个涉世不深的女孩会拒绝这样优秀男性的求婚呢？

所以，女伴最终接受了，她的身份从这里开始变成了"德温特太太"。

你看我讲了这么久，都只用"女伴"称呼女主角，你可能好奇了：难道这个女人没有名字吗？还真是的，在小说中，作者是以第一人称"我"来叙述的，这个"我"就是女伴本人，自始至终，书里都没有交代她叫什么名字。

整本小说读完之后，我恍然大悟，因为性格和命运始终被别人支配，存在感很弱，"我"真的连个名字都没有。

和德温特先生结婚之后，大家就用"新任德温特夫人"称呼她。我们也这样叫吧。新任德温特夫人跟随丈夫住进曼德利庄园之后，真正的主角登场了，那就是庄园的前任女主人、已经去世的吕贝卡。

所有人似乎都没有忘记她，都还在不停地谈论她，甚至会把她和新任德温特夫人放在一起比较。尤其庄园的管家丹弗斯太太服侍吕贝卡多年，两人感情深厚，第一次见到新女主人，丹弗斯太太就用眼神表露了憎恨。人们经常提起吕贝卡生前的事，大家口中的吕贝卡美丽得无可比拟，待人接物大方得体，把庄园打理得井井有条，深受所有人爱戴。

相比之下，新任德温特夫人相貌平平，不擅长社交，于是感到越发的自卑。她在曼德利庄园居住越久，就发现了越多属于吕贝卡的痕迹——文件架上的标签、抽屉里的记事簿，上面布满了吕贝卡的笔迹；房间里的布置、客厅里的奇珍异宝，全由吕贝卡一手操办；甚至连家里的小狗把头搁在别人膝盖上的习惯，也是吕贝卡训练出来的。

有一次，她无意间闯进了吕贝卡生前的书房，作者写道："我突然产生了一种做贼心虚的内疚感，仿佛我在别人家做客时，鬼鬼祟祟偷看了人家的私信。"

在这种环境中，新任德温特夫人的心态就是"独在异乡为异客"，找不到一丁点女主人的存在感。

她每天活在吕贝卡的阴影中，做梦都想变得和对方一样美丽大方，有时甚至会出现幻觉，觉得吕贝卡躲在暗中悄悄地看着自己。更严重的是，女主角开始怀疑丈夫德温特从来就没走出过吕贝卡去世的阴影，也从来没有爱过自己，尤其在经历一次化装舞会之后。

这次化装舞会专门为了庆祝德温特夫妇新婚而举办，邀请了曼德利庄园附近的所有名人，也是新任德温特夫人第一次在丈夫的社交圈里亮相，她苦思冥想如何出众一些，这时，原本对她充满敌意的管家丹弗斯太太提了个建议，让她模仿挂在庄园里的一幅画作上的女性装束。

从读者角度看，我们知道这里面肯定有阴谋；可是这位新任德温特夫人，看到原本不待见自己的人忽然示好，居然不去怀疑，而是特别感动，很快照做了。

从这个细节可以看出女主角已经不自信到了要去相信敌人的建议。

结果，吕贝卡曾经在舞会上穿过一模一样的礼服，新任德温特夫人在不知情的情况下，和已经去世的吕贝卡撞衫。

情节听上去是不是有点耳熟？没错，在《甄嬛传》里也有类似情节——甄嬛被皇后误导，和已经去世的纯元皇后撞过衫，当时的皇帝是多么愤怒，德温特先生的愤怒不亚于此。

这次“撞衫事件”造成德温特夫妇婚姻的裂痕，再加上之前所有的痛苦经历，似乎都在给出强烈的暗示：新任德温特夫人只是吕贝卡的替代品，而且，是个不合格的替代品。

故事进展到这里，吕贝卡已经被塑造成一个女神级别的人物。她虽然从来没有出场过，但是，整部小说、整个曼德利庄园都笼罩在她的气氛之下，每个人都在谈论她，每个人心里都想着她，所有的矛盾也都因她而起，吕贝卡的形象在多层次、多角度的侧面烘托之下变得光彩照人、不可超越。

但是，故事也从这里开始出现了三百六十度大反转。

亲密关系常见的误会：假想中的情敌

一艘轮船在曼德利庄园附近海域触礁，搜救队打捞沉船，结果意外发生了——曼德利庄园的一艘私家帆船在打捞轮船的时候也被打捞上来，船舱里有一具遗骸，正是已经去世的吕贝卡。

所有人都震惊了，因为这代表着，德温特先生一年前安葬的那个女人，并不是吕贝卡。那么，吕贝卡为什么会在船舱里？她真正的死因到底是什么？

德温特先生终于向现在的妻子吐露了心声，两人之间这场谈话，作者花了很大篇幅，从德温特先生的描述中，两个真相浮出水面——

第一，真实的吕贝卡类似于蛇蝎美人，她恶毒、堕落并且放荡，婚前婚后都和很多男人保持着暧昧的两性关系。

她和德温特的婚姻，并不像传言中的那般美满，而是建立在一场交易上：吕贝卡抓住了德温特先生注重家族荣誉的弱点，于是，她承诺用心打理曼德利庄园，为整个家族带来好名声。但是作为交换条件，德温特必须对吕贝卡的放浪行为视而不见。

所以，德温特和吕贝卡只是一对面和心不和的假面夫妻。

第二，在最后一场谈话中，吕贝卡告诉德温特：自己怀孕了，孩子不是德温特的，并且，她还准备把孩子生下来，让他继承曼德利庄园。

这些话彻底激怒了把荣誉看得高于生命的德温特，在两人的争执中，德温特开枪误杀了吕贝卡。随后他又驾驶吕贝卡常用的帆船出海，制造出意外沉船的假象，让吕贝卡随着帆船沉入海底。

随着真相浮出水面，女主角终于明白了德温特先生此前的种种古怪行为，也终于看清了自己的"假想敌"吕贝卡的真实面目，同时，她也确信了德温特先生对自己的感情是真挚的，并不像自己猜想的那样，只想找一个替代品。

看上去所有的矛盾都解开了，现在唯一的问题就是：杀了人的德温特先生是不是要接受法律的制裁？

既然已经证实帆船里的尸体是吕贝卡，法庭开始了新一轮审讯。由于德温特先生没有把秘密告诉除新任德温特夫人以外的任何人，因此，审判结果为吕贝卡自杀，德温特无罪。但是吕贝卡的表哥对判决结果表示质疑，并且声称自己知道真相，想要以此来敲诈德温特先生。于是，警方又展开了进一步的调查。在调查中，德温特先生终于承受不住压力，说出了自己过失开枪的实情。这时，所有人都以为德温特先生要坐牢了。

但是没想到，另一个更大的秘密随之而来，吕贝卡曾经的主治医生贝克宣布：吕贝卡去世之前已经患上了癌症，活不了几个月，一直依靠吗啡度日，所以，她不可能怀上孩子。而她之所以要欺骗德温特说自己怀了别人的孩子，是因为算准了丈夫出于愤怒会失手杀她，这样一来，她就用最后的一点生命完成了对丈夫的报复。

故事进展到这里，吕贝卡的真实形象终于像拼图游戏一样，一点一点完成。不得不感叹，作者达芙妮·杜穆里埃确实是一个讲故事的高手，她有构建迷宫的本领，也有领着读者走出迷宫的能力。

真相大白之后，吕贝卡的忠实崇拜者、曼德利的管家丹弗斯太太在绝望中点起大火，她宁愿和曼德利庄园一起化为灰烬，也不愿意看到新任德温特夫人代替吕贝卡在庄园中幸福地生活。

故事结尾是一个开放式的结局，女主角和德温特先生驾车离开了曼德利庄园，属于他们的生活，才刚刚开始。

《蝴蝶梦》这本小说实际上是通过女主角的视角，展现了爱情中最常发生的误会——假想中的情敌。

我们回到开头的问题：为什么吕贝卡这个前任有这么大的魔力，甚至能影响到活着的人的感情呢？因为吕贝卡在别人的口中已经被神化，女主角偏听偏信，导致内心深深的自卑，甚至怀疑丈夫还爱着吕贝卡，在种种猜测下，吕贝卡成为女主角想象中的情敌。小说的前半部分，我们也会和女主角有着同样的想法，认为德温特先生还活在过去的阴影当中，并不是真的爱现在的妻子。

直到帆船被打捞上来，德温特不得不坦白真相，我们才发现吕贝卡光环的背后，隐藏着这么多不为人知的细节和秘密。这时，女主角联想到之前那些难以理解的事情，瞬间想通，她感到很懊恼。

书中有一段对话，非常清晰地交代了男女主人公的心路历程。女主角问自己的丈夫："你为什么不早一点讲出来呢？我们原本可以更亲密地在一起，可你却一天天地白白浪费了这么多时间。"

德温特先生很苦恼地说："你当时表现得那么冷漠，总是独自一个人待着，从来没有像现在这样亲近过我啊。"

女主角说："那你为什么不直接指出来呢？"

德温特先生说："我以为你对这里感到厌倦了，因为你和我在一起总是表现得尴尬和不自然。"

女主角又说："那是因为我一直以为你还爱着吕贝卡，所以才不敢奢求你来爱我。"

你看，这短短的几句对话，却是矛盾叠加着矛盾，误会叠加着误会。其实两个人都有心想要亲近对方，却由于自身性格的原因，或是受到了周围环境的影响，反而越来越疏远。如果男女主人公能有一个人先主动迈出一步，说出内心的真实想法，那么爱情中的假想敌早就被击溃了。

作者达芙妮总结："不知世上有多少人都是由于摆脱不了腼腆和矜持的自身束缚，而持续不断地遭受磨难，不知有多少人盲目和愚蠢地在自己的面前筑起一道障眼的大墙，而看不见事实的真相。"

在真实的爱情和婚姻里，又何尝不是这样？伴侣之间很多嫉妒情绪，都来源于头脑中未经证实的想象和猜测，假想敌之所以强大，是因为人们的情绪会把这个虚拟的敌人无限放大。

对伴侣过去恋情的嫉妒，影响着当下爱情和婚姻的满意度，怎样才能在亲密关系中避免和改善嫉妒情绪呢？

《蝴蝶梦》这本书里也有答案。

"嫉妒"情绪来源于哪里

在心理学当中，新任德温特夫人的嫉妒心理有一个专属名词，叫作"回溯型嫉妒"，指的是针对伴侣过去的情史而产生的不愉快想法和情绪。换句话来说，就是不能接受伴侣也曾经这样爱过别人，或者不能接受伴侣的前任比自己优秀。

一些人的回溯型嫉妒并不针对特定的过去和特定的对象，只要伴侣有过感情经历，他们就会很介意；另外一些人的回溯型嫉妒是针对特定的过去，比如《蝴蝶梦》的女主角，她面对的是吕贝卡这样一个强大的情敌，如果吕贝卡没有被别人赋予那么多光环，只是一个普通女性，以女主角柔和的性格来说，她不会那么痛苦。

出于感情中的排他性和占有欲，很多人都对伴侣的过去有轻微嫉妒，这是正常反应。在相处过程中，随着彼此了解的加深，温和的回溯型嫉妒可以逐渐平复。但是，《蝴蝶梦》中的德温特先生和女主角迅速恋爱，跳过了相处的环节直接进入婚姻，缺少足够的铺垫和沟通，这也造成了女主角内心的惶恐。

书中描写德温特先生的求婚，没有浪漫的氛围，甚至缺乏该有的尊重，他只是在吃早饭的时候，一边吃一边自顾自地说："每个大清早，我的脾气都特别坏，我再重复一遍，何去何从由你选择，要么你陪范夫人去美国，要么你随我回曼德利。"

你听这个语气，正常人的思维都不会把这句话理解成求婚。

女主角也很纳闷，就问："你的意思是，你想要雇我当秘书吗?"德温特先生说:"不是,我是想请你嫁给我。"

求完婚之后,德温特也表现出了很随意的态度,他说:"你不需要办嫁妆或是别的乱七八糟的东西吧?要说办事,几天内就能完成,到办事处登记,扯张结婚证,然后你挑个喜欢的地方我们开车去旅行。"

女主角就问了:"难道不进教堂吗?也不用穿婚纱,找唱诗班吗?"德温特淡淡地说:"你说的那种婚礼我以前已经举办过了。"

整个求婚的过程就像例行公事,所以女主角的敏感多疑很能理解,她只好自我说服:只有年轻人才会说花言巧语,德温特先生这样做,恰恰说明了他是个沉稳的人。

但她还是忍不住想:德温特以前跟吕贝卡求婚的时候,肯定不是这种方式,肯定比这要浪漫多了。

想得越多,她就越觉得难受。于是她做了一件什么事呢?她把德温特之前借给她的书拿了出来,这本书是吕贝卡送给德温特的,扉页上还有吕贝卡的签名。女主角心想,既然德温特要跟我结婚了,那这本书对他也没有那么大的意义了吧?于是她把扉页剪下来扔进了废纸篓,过了一会儿觉得还不够解气,又用火柴把签有吕贝卡名字的扉页烧掉了。

你或许觉得这一系列行为看上去非常神经质,实际上,女主角这么做在潜意识里是想要抹掉关于吕贝卡的一切痕迹。

没想到的是,进入曼德利庄园之后,女主角发现吕贝卡时时刻刻出现在自己的生活里,越想抹掉就越抹不掉——家里的东西依然按照吕贝卡在世的时候那样摆放,她喜欢的画、她写信用的纸和笔、她坐的椅子、她的衣服,都和她还在世时候一样,仿佛吕贝卡随时都会回来一样。

这时,女主角的嫉妒转化为了深深的恐惧,从管家丹弗斯太太的出场就可以看出来。作者通过女主角的视角，这样描述丹弗斯太太："有个又瘦又高的人从人海中钻了出来，一身深黑色衣服，高高的颧骨、深陷的大眼睛以及惨白的肤色使她看起来就像一具骷髅。"

这个描述主观色彩强烈，在女主角的眼里，丹弗斯太太是吕贝卡的贴身侍女，让她恐慌。在恐慌情绪的驱使下，她根本不敢对仆人发号施令，在自己家走路都小心翼翼，唯恐发出一点声音。就连肚子饿了去找点吃的，也要趁仆人不在的时候，"经过长条窗悄悄爬进餐厅，从食品柜里偷些饼干"，然后"溜进林子里美餐一顿"。

除了恐惧，女主角还经常陷入妄想，甚至出现幻觉。

有一次，德温特先生去伦敦出一趟短差，女主角害怕独自跟仆人们相处，立刻觉得很不安，在心里不断地想着：德温特什么时候来电话？万一德温特出车祸了怎么办？她甚至都在脑海中幻想丈夫的葬礼了。最让女主角感到不安的是，德温特从来不愿意跟她聊任何有关吕贝卡的事情，这就更加放大了女主角对吕贝卡的嫉妒情绪。

书里写："我可以跟活人争斗，却无法与死者抗衡。如果德温特爱上了伦敦的某个女人，我尚可以与之决一胜负。我们势均力敌，我不必胆战心惊。愤怒和嫉妒是能够加以抑制的。总有一天那女人会年老色衰，会产生厌倦情绪、改变态度，那时德温特便会丧失对她的爱。可吕贝卡永远不会变老，她青春永驻，我无法跟她争风吃醋。她的魔力过于强大，叫我望尘莫及。"

站在女主角的立场上，她的嫉妒和焦虑完全可以理解。

被自己在意的人忽视，又被所有人拿来和另一个不存在的人比较，并且被否定，难道不让人恐惧吗？况且，女主角新婚，刚刚进入一个完全陌生的新环境，正是需要被认同的时候。这种心理在生活中也很常见，当我们展开一段新恋情，或是非常希望融入一个新环境的时候，都可能会出现类似心理。

清楚了什么是"回溯型嫉妒",再来看一看《蝴蝶梦》中这位女主角的"回溯型嫉妒"产生的原因:

首先,她面对的情敌,或者说是假想敌是一个不存在的、被神化的形象——这很像现实生活中的"前任"们,"过去"本身就带有强烈的滤镜色彩,所以"前任"往往自带光环。

其次,丈夫德温特属于高自尊人格,自我认同感很强,他的社会地位和财富都远远高于妻子,行为上也情不自禁居高临下,他不能共情妻子面对吕贝卡这种优秀前任的自卑,还有进入新环境的惶恐,没有及时提供情感支持和实际帮助。

最后,女主角出身平凡,童年生活也很孤独,经历和职业共同形成了她的低自尊人格,自尊心稳定性也比较弱。自我评价本身就不高,会为了讨好别人行事,也容易因为负面评价而变得消极,她需要更多鼓励与认同,却在现实中都没有得到。

于是,低自尊的女主角被夹在了高自尊的丈夫和被神化的假想敌之间,这种情况下,不产生嫉妒情绪都不可能。

被神话的前任吕贝卡,前文已经说了很多,这里不再详述。

再来看德温特先生,他是一个标准的英国绅士,深沉内敛、感情从不外露,爱名誉大于一切,但是,他的婚姻很大程度上毁在了对于名誉的过度热爱上。

他在和女主角结婚前,隐瞒了自己和吕贝卡的那一段恩怨,也隐瞒了自己失手开枪的事实。在结婚后,每次和女主角闹矛盾,他总是转身离开,扔下女主角一个人独自陷入悲伤。

当真相揭晓的那一刻,他告诉女主角,自己根本不爱吕贝卡,他对吕贝卡只有恨。可是,即便吕贝卡再不堪,即便有再多的恨意,真的至于要亲手杀了吕贝卡吗?我们常常说,爱的反面不是恨而是冷漠。因为爱和恨本来就是一体的,德温特先生对吕贝卡的恨,更类似自尊心受挫之后的感情变形。

所以，表面上来看，德温特先生从来不愿意提起吕贝卡，似乎已经忘了她，可实际上，他从来没放下对吕贝卡的感情，他任由管家保留了吕贝卡所有的东西，甚至还保留了吕贝卡的房间；他和女主角结婚之后，女主角被安排在面向花园的房间，吕贝卡的房间是面向大海的，有一次，女主角终于决定去看一下这个房间，结果发现，这间房比自己的房间更大、更豪华，这才是真正的主人房。

管家丹弗斯太太多次用话语刺激、刁难女主角，经常让女主角下不来台，陷入崩溃。作为庄园的男主人，德温特先生不至于不知道，可他并没有真正保护女主角。

德温特的态度，加重了女主角的委屈和嫉妒。

除了吕贝卡和德温特先生的原因，女主角的低自尊人格是她陷入"回溯型嫉妒"最重要的原因。

小说中大量篇幅都被女主角丰富的内心戏占据，她因为出身低微，相貌平常，在与"霸道总裁"德温特先生相处的时候，总是敏感脆弱，一紧张就啃手指甲，眼泪说来就来。很多读者起初对女主角都没有好感，觉得她太过唠叨和多愁善感，自卑得很不争气。

女主角也承认自己的自卑和嫉妒，书中有这样一段话："人在二十一岁的时候并非一身是胆，他们唯唯诺诺，无端就会生出一些忧虑来，自尊心容易受到挫折。……在那个时候，一句漫不经心的话会带来灼人的耻辱，使我耿耿于怀；一个眼神，回眸一瞥，都会留下永恒的烙印。"

读着读着，你会发现，女主角身上的这些弱点，我们大多数普通人身上都有，包括：对陌生人的恐惧，对频繁社交的厌恶，对爱情的猜疑。

而作者之所以要塑造这样一个"弱势"的女主角，其实是为了凸显她在经历过危机之后的坚强和成熟。

我的建议：深化我们的情感联系

脆弱的女主角，最终怎样克服了"回溯型嫉妒"？

在我的理解中，她深化了和丈夫之间的情感联系，作者在小说尾声用了三个反转，把真相一层一层地摆在读者面前。

第一个反转，是德温特先生向女主角坦白了他和吕贝卡之间的真实关系，他并不爱吕贝卡。瞬间，女主角觉得自己战胜了吕贝卡，真正地成为曼德利的女主人，就连长得像骷髅一样的管家丹弗斯太太也不再让她害怕了。

这个反转解决了女主角最关注的问题——确定丈夫是不是爱自己。假如德温特先生一开始就对妻子表达足够的关心和理解，让妻子确认被爱、确认夫妻之情深厚，她至少不会那么自卑，嫉妒也不会那么强烈。

第二个反转，出现在法庭审理结束之后。没有其他确凿证据证明这是一起谋杀案，法庭决定以吕贝卡自杀结案。

就在快要结案的时候，吕贝卡的表哥，同时也是情夫费弗尔出现了，并且向法庭提供了一封信。在这封信里，吕贝卡约费弗尔在湖边的小屋见面，说有很要紧的事情要商量。费弗尔认为，一个打算自杀的人不会写这样的信。这时，所有人知道了，真实的吕贝卡并不像传说中那么完美，而德温特和吕贝卡也不是恩爱夫妻。

这个反转打碎了吕贝卡的完美形象，她不再是无法超越的女神，而是表里不一，甚至道德层面有瑕疵的女人。这让女主角卸下了心里的包袱，原来前任并不强大，自己一点都不比对方差，她的自信心获得了修复。

第三个反转，是吕贝卡的主治医生贝克的证词。

贝克医生揭开了吕贝卡的最后一张面具：原来她并没有怀孕，而是得了绝症，于是选择了自杀，但是伪装成被德温特误杀的样子来报复他。

这个反转让女主角彻底释然了，她不仅放下了对吕贝卡的嫉妒，也完全理解了丈夫之前的各种古怪行为，她为发生的一切找到了合适的理由，于是彻底放下了内心的嫉妒。

"回溯型嫉妒"的概念由作家扎卡里·斯托克尔（Zachary Stockill）提出，因为他在苦苦逼问伴侣之前的情感经历而把女友逼走后，认识到了这种过分在意的负面影响，在咨询了很多心理工作者之后写了一本书——《战胜回溯型嫉妒》（*Overcoming Retroactive Jealousy*）。

所以，"回溯型嫉妒"对亲密关系影响很大，ta们在询问伴侣过去经历时，常常伴有失控的情绪，这种毫无边界感的追问也会让伴侣感到窒息。

尽管对于回溯型嫉妒者来说，提问的目的只是为了确定自己和伴侣是相爱的、亲密的，但这种方式只会将伴侣越推越远。

怎样避免或者改善亲密关系中对于另一半过往经历的嫉妒呢？有四种方法可以尝试使用。

第一，学会恰当提问，把问题的关注点从"过去"转变为"现在"。

比如"你的上一段恋情是什么样的"，这就是一个关注过去的问题，可以换一种问法："你觉得上一段恋情对我们现在的关系会造成影响吗？"这就是一个关注现在的问题。

在《蝴蝶梦》里，女主角是对自己的品质和价值有负面信念的低自尊人格，潜意识里她认为自己不值得被爱、配不上伴侣，这让她从不直接向丈夫提问，也不反馈自己在婚姻中的感受，失去了把握关系的主动权。

现实生活中我们完全不用这样，亲密关系的主动权掌握在双方手中，不是仅仅某一方才有。过于小心翼翼，担心伴侣爱上别人，一定会陷入恶性循环。

第二，和伴侣在过去的记忆上创造新的记忆。

很多人会刻意回避伴侣在过去感情中经历过的事情，或是去过的地方。其实完全没有必要，你可以在原有的基础上，创造出新的回忆来覆盖掉过去的感受。

所以，不要害怕和伴侣故地重游，也许当你们痛痛快快地玩了一圈后，伴侣回忆起来，更多的是和你在一起的场景。

就像《蝴蝶梦》里的女主角，作为名正言顺的女主人，她为什么不直截了当更改吕贝卡之前的布置呢？为什么不向丈夫表达自己对家居状况全部维持着吕贝卡生前样貌的不满呢？她何必连仆人的安全感都没有，饿了都不敢去厨房大大方方吃东西？

她原本可以在曼德利庄园创造新的记忆，但是她没有，她生活在吕贝卡的阴影中无法自拔。

第三，不必只从伴侣身上寻找自己的特殊性。

有时嫉妒伴侣的过去，是因为习惯于拿自己和对方的前任做比较，来确定自己是特殊的——当然，每个人都希望自己是特殊的、独一无二的。

但是，我们不必只通过伴侣对待我们的方式来确认自己的特殊性，可以试着在生活的其他领域找到自己的价值，当我们的安全感不再完全依赖于伴侣之后，就能用一种更加开放和包容的心态去看待对方的过去。

这个建议简直是为《蝴蝶梦》的女主角而设，作者达芙妮太会写了，她连名字都没有给女主角，唯一的称呼就是"德温特夫人"，可这个称呼只有和"德温特先生"结合在一起才有存在的价值，这个女人自己的价值、兴趣、爱好和特点又在哪里呢？假如她除了"德温特夫人"这个身份，还是一个有自己名字的女人，拥有其他的关注点，也不至于陷落在嫉妒情绪中无法自拔。

第四，学会自我确认。

学会肯定自己的价值，也要求我们学会做到"自我确认"，即自己可以通过日常和伴侣相处时的细节，来确认伴侣对自己的爱，而不是只通过反复要求伴侣说出爱来确认。语言交流在日常生活中只占一小部分，我们多注意一些非语言的细节。比如在《蝴蝶梦》中，以德温特先生的物质和精神条件，他完全拥有婚姻的自由度，在这种自由下，依然选择和女主角结婚，这本身就是爱的确认，但是低自尊的女主角太依赖于语言确认，而不是逻辑肯定。

我们可以想想看，在我们痛苦时伴侣是什么反应？伴侣对我们的亲人和朋友是什么态度？当我们生病时伴侣是怎样的表现？这些日常带有爱意的瞬间，都是比语言更可靠的爱情依据。

《蝴蝶梦》里有一句名言："你我之间，她从未出现，却无处不在。"

不要让亲密关系中出现这样的状况。

女主角"我"从一个胆怯、脆弱的女性，经历一系列心路历程之后实现了蝴蝶般的蜕变，变得自信而坚强，拿回了亲密关系中的主动权。

现实生活中，我也希望开篇时那位读者，以及和她有类似经历的女性，放下无谓的嫉妒，重新启动对自我的欣赏。

第十章

遭遇小人，怎么办？

想想看，我们身边是不是也有一些类似的小人？

她们算不上坏人，你也并没有直接得罪她，

但是因为一些无法避免的纷争，她从此恨上了你。

我和很多读者聊天，其中有一项引发情绪波动的重要原因，有些出乎意料，那就是：遭遇小人。

我当时好奇："小人"为什么比"敌人"更让人焦虑、气愤和纠结？小人为什么这么消耗我们的情绪？

易中天老师说过一段很形象的话：人可能一辈子都没有敌人，但总会遇到几个小人，因为蚊子总是比老虎多。被蚊子叮一口，确实烦躁，如果是毒蚊子，还能整出大问题。

"小人"很有些特点：比如，戴着伪善的面具，让人很难识别；手段很多，防不胜防；背地里搞事情，让人想发作都很难揪到那根小辫子。

在这个章节，我准备用一部当代经典的电视剧，探讨遇到"小人"该怎样应对，怎样降低"小人"对我们情绪的磨损。

这部电视剧是《甄嬛传》，原著名叫《后宫·甄嬛传》，作者是流潋紫。

为什么用甄嬛来讲这个话题？

如果抛开"宫廷"的大环境，这部作品非常接近职场小说，甄嬛刚入宫的时期，就像刚刚步入社会的我们，涉世未深，既天真又容易轻信别人，因此屡次遭到小人的算计。直到她在不知情的状况下，穿了纯元皇后的服装，激怒了皇帝，离开宫廷转而去甘露寺修行——虽然是皇后故意设局陷害，但这也成为甄嬛一生的转折点。

修行几年之后，她重新回到宫廷。这一次，她心态成熟、游刃有余，对待小人既有方法也看时机，最终胜出，成为高处不胜寒的后宫掌控者。

　　所以，甄嬛是个一体两面的人物，从她身上，既能看到挫败的问题，也能总结出奏效的经验。而且，《甄嬛传》是一部小人类型和数量都很丰富的作品，容易把这个问题讲透。

通过三个特点识别小人

小人都有哪些特点？

第一，小人喜欢拜高踩低，见风使舵。谁对他们有利，就依附谁；谁对他们没用，就舍弃谁。

看到这里，有人会困惑："这是不是说明小人特别会结交有效人脉啊？"这个疑问非常好，恰好就是你需要注意的地方：小人的做法不是"结交"，而是为了自己的利益想尽办法攀附对方，一旦利用完了，他们就会寻找下一个可供利用的人，关系不具备持续性。

《甄嬛传》里华妃身边有个军师，叫曹贵人。曹贵人自己出身不高，也不被皇帝喜欢，只能投靠华妃出谋划策，陷害其他妃嫔。

甄嬛进宫之前，华妃是皇帝最喜欢的人，甄嬛来了之后，分散了皇帝对华妃的关注，于是，华妃就让曹贵人想办法除掉甄嬛。曹贵人在女儿温宜公主的周岁宴上设局，让甄嬛跳一曲惊鸿舞。这是皇帝曾经最爱的纯元皇后擅长的舞蹈，此后再也没有人跳过。华妃和曹贵人原以为这样会激怒皇帝迁怒于甄嬛，没想到帮了倒忙，皇帝反而很惊喜。后来，华妃失宠，曹贵人看情况不妙，先是试着投靠甄嬛，然后又借机向皇后揭发华妃的罪状。

出尔反尔，毫无是非，仅有利益，曹贵人就是一个典型的小人。

第二，小人热衷说小话、说闲话，擅长挑拨离间。

甄嬛在后宫里最好的朋友是沈眉庄，本来还有个安陵容，她们三个人一起进宫，后来安陵容出于对甄嬛的嫉妒，投靠了皇后，与甄嬛和眉庄渐行渐远。

安陵容最擅长挑拨离间。华妃是甄嬛和眉庄共同的敌人，眉庄因为华妃的陷害，几次差点丧命，所以异常痛恨华妃；甄嬛的第一个孩子则是因华妃算计流产。但是，在华妃失宠时，甄嬛还是在皇帝面前说了好话，建议恢复华妃原本的头衔，其实她的做法只是为了实现更长远计划，故意放的烟雾弹。

但是这件事被安陵容知道，立刻告诉了沈眉庄，她说：

你看，甄嬛向你的敌人示好。

想借此挑拨眉庄和甄嬛反目成仇，虽然并没有达到目的，但在她的怂恿下，沈眉庄和甄嬛闹了别扭。

安陵容是个擅长暗戳戳挑唆型的小人。

第三，小人不见得完全道德败坏、作恶多端，普通人也有可能演变成"小人"。

听上去有点难理解，但确实如此，这也是小人难以被识别的原因——如果对方真是大反派那倒很好辨认，但是，小人可能是被某些成长经历或者环境塑造成了现在的样子。

比如甄嬛身边有一个叫斐雯的丫鬟，甄嬛生孩子当天，皇帝探望时见到她打了冷颤，很心疼，就责怪宫人：怎么能在娘娘刚生产完就打开窗户，让娘娘受冷呢？斐雯就是那个开窗人。被皇帝责怪后，斐雯反复辩解，是产婆说屋里血腥气过重，她才将窗户打开，因为这个时间节点很特殊，甄嬛产后体虚，皇帝耐心也有限，所以斐雯被罚自己掌嘴二十个巴掌。

斐雯被打的事正巧被来探视的皇后了解到，皇后于是说了几句同情的话，斐雯从此对甄嬛导致自己挨打心生怨恨，所以在后期祺贵人指认甄嬛跟温太医有私情时，主动站出来作证，声称自己亲眼看到了两个人有暧昧。

从上下情节看，斐雯挨打是甄嬛直接造成的吗？不完全。这里有多方面因素。

皇帝的意见、斐雯自己的固执、现场人多复杂，都是。只不过斐雯不敢怨恨皇帝，她找了个最直接的责任人，那就是甄嬛。

想想看，我们身边是不是也有一些类似的小人？她们算不上坏人，你也并没有直接得罪她，但是因为一些无法避免的纷争，她从此恨上了你。东野圭吾有一句话："有些人的恨是没有原因的。他们平庸、没有天分、碌碌无为，于是你的优秀、你的天赋、你的善良和幸福都是原罪。有种恶意不需要理由，而且可以深刻到赔上自己以置对方于死地。"

多么可怕而现实。这就是一类你没有直接得罪，却避无可避的小人。

小人有上面三个主要特点，其他特质还包括：喜欢阿谀奉承，背后使阴招，拉帮结派，等等。所有特点都指向一点，那就是利益——小人永远受利益驱使，在他们的世界观里，自己的利益高于一切，为此可以不择手段。

那么，甄嬛怎样应对小人呢？

应对小人的总思路是"全局观"

　　甄嬛刚进宫时，完全不想卷入复杂纷争，但是逃无可逃，所有人都主动或者被动地卷进这场权力的游戏里，即便只想自保，也需要学会去应对局面。

　　甄嬛直到从甘露寺修行回来后才真正明白这个道理，一改过去的佛系被动，变得主动而且充满策略，她的策略究竟是什么呢？三个字：全局观。

　　就像打仗要开指挥部战略会，创业要明确公司愿景一样，"全局观"是做一件系统、复杂、长期事业必须具备的思维方式。没有这第一步，未来将只能看到局部，做的事情也只会局限在眼前，你的情绪也只会被当下的一草一木牵动，而变得毫无控制力。

　　华妃就是一个缺乏全局观的典型代表。她的策略是：谁获得皇帝的关注，谁分摊了她的风头，谁就是她的小人。所以她的小人层出不穷。华妃的竞争方式简单粗暴，她嚣张跋扈一刚到底。但是，她没有看到后宫中的整体局势，皇帝一时的关注并不代表大趋势，因为谁都有瞬间绽放的机会。华妃把每一个人都看成了小人和敌人，举起大棒一通乱打，树敌无数，她没有一个战略上的盟友，就连跟她一伙儿的曹贵人都不是真心实意地帮她，而是为了短期利益硬着头皮给她出谋划策。

　　甄嬛第二次回到宫廷后，怎样看待后宫这张"地图"呢？

　　她知道自己身边的小人如果掰着手指头去数，那可太多了，像是富察贵人、曹贵人，还有她曾经的好姐妹安陵容，等等。但是要论派别，这些人物可以整体归为两大类，那就是以华妃为首的"华妃派"，和以皇后为首的"皇后派"。

其中，皇后派的代表人物主要有安陵容，祺贵人；华妃派的代表人物主要有丽嫔、曹贵人、余答应。至于其他的妃嫔们，很多属于中立派，谁也不想得罪，所以她们不站队，明哲保身。这样一看，原本散乱的局势就很清楚了：主要威胁来源于这两派，说得更直接一点，就是来源于华妃和皇后这两个人物。

所以，甄嬛最终确立自己的地位就分成了两个步骤：第一步，解决华妃的威胁；第二步，解决皇后的威胁。

甄嬛用全局观看清楚后宫的两派势力，拆分出了两步走的目标，接下来就是具体执行方法。

第一个方法，争取中间派的支持，建立自己的阵营。

华妃和皇后都有各自的同盟，甄嬛也必须有自己的盟友，盟友怎么选？

排除掉华妃和皇后的同盟，剩下的人都是中间派。最终成为甄嬛盟友的人，除了眉庄是她的发小，崔槿汐是她的知己，大多数都是原本的中间派：端妃、敬妃、欣贵人、宁贵人、苏培盛等等。

甄嬛与端妃、敬妃其实属于平级，两人为什么甘心听从呢？首先，她们有华妃和皇后这两个共同的威胁。其次，她们本身不够获得皇帝的关注，如果与风头正盛的甄嬛结盟，地位会更加稳固。最后，甄嬛非常善于创造共同的利益或者说是价值——她把自己的孩子胧月公主放心交给敬妃抚养，争取到了敬妃的信任；曹贵人死后，她又让端妃抚养曹贵人的孩子温宜公主，让寂寞的端妃有了母女之情，这些做法虽然有一定的目的，但根本的出发点都是"以情动人"，于是端妃和敬妃成为甄嬛的坚定拥护者。

而皇后和华妃这两派：安陵容和祺贵人投靠皇后，只为了个人利益，毫无忠诚度，甚至安陵容一度妄想取代皇后，与祺贵人也是面和心不和，常常内斗；华妃对待自己的盟友曹贵人出尔反尔，甚至可以为了私利抢走曹贵人最心爱的女儿温宜公主，彻底激发曹贵人心底隐藏的仇恨，曹贵人很清楚自己只是华妃的工具，怎么可能有忠诚度？

所以，从甄嬛、华妃、皇后结交盟友的态度和方式可以看出，甄嬛组成了一支团队，本着科学管理的态度，既讲利益也讲感情，还有自己的原则和制度，关键时刻她也讲义气和人情；在皇后和华妃的阵营里，几乎所有人都只是因为一己私利而聚在一起，是个关系脆弱的团伙，彼此之间没有信任和忠诚。

第二个方法，给盟友以真正的价值和尊重。

甄嬛第二次回到宫廷之后，华妃已死，后宫的势力分布变成了皇后和甄嬛两人之间的对抗。

为什么说情绪价值重要呢？你看，竞争中很大程度比拼的就是心理耐受度，谁先着急谁就容易乱阵脚。而这个先着急的人是谁呢，是皇后——与甄嬛相比，皇后守住自己后宫之主地位的心情更迫切，情绪更焦虑，她采取了没有充分考虑后果的莽撞行为：皇后团伙的祺贵人向皇帝告发，甄嬛的一对双胞胎子女不是皇帝亲生的，而是跟温太医生的私生子。听到这个重磅消息，皇帝当然震惊，祺贵人既然敢直接告发，必然也有一定证据。于是皇后顺水推舟，提议要滴血验亲，她偷偷地在水里做了手脚，加入了白矾，便于让滴血验亲的结果变成：甄嬛的孩子的确不是皇家子嗣。

这个举动既危险又愚蠢，很快被识破。皇帝迁怒于皇后，迫使她交出了掌管六宫的权力，从此，皇后被架空，甄嬛成为后宫实际的管理者。

皇后不甘心失去权力，立即找机会劝说皇帝册封自己团伙的安陵容，意图很明显，她希望再次壮大盟友的地位等待东山再起，没想到的是，甄嬛借力打力，顺势提议皇帝"大封六宫"。

这一次大封六宫，甄嬛的所有盟友，包括敬妃、端妃、欣贵嫔、叶澜依等等，都在原有的基础上加封了一级。皇后之下只有一个皇贵妃，被端妃补位；皇贵妃之下是两个贵妃，分别是甄嬛和敬妃——后宫最有权势的四个位置，甄嬛和同盟占据三个，而且皇后还没有实权。

这样一来，后宫职场大局已定，甄嬛进一步从战略上扩大了优势。她很可贵的优点，是在任何时候都把自己同盟者的利益放在心里，绝不主动去做牺牲伙伴保全自己的事。

这种行事准则获得团队认同，团队有了安全感才会齐心协力，甚至崔槿汐愿意在危难时主动牺牲自己，而甄嬛也是全力相救，这里说明了一个真相：无论小人多么厚黑，人与人之间的长期共处都建立在互相尊重价值和利益的基础上，只有发自内心彼此认同，关系才能持久。

走到这里，甄嬛在实力上已经远超皇后。

第三个方法，区分小人的危险系数。

甄嬛为数不多的主动出击，都用在了刀刃上。比如，她扳倒皇后的最后一步。当时甄嬛再度怀孕，因多年体虚，孩子必定保不住。于是，她邀请众多嫔妃，包括皇后在内，来自己宫中为孩子祈福，然后自己暗中喝了滑胎药。在祈福的过程中，甄嬛故意跟皇后起了争执，让皇帝误认为是皇后让甄嬛流产的。

通过最后这一次主动出击正面刚，皇后才彻底被扳倒。

很多人都会用这个情节来说明甄嬛腹黑，居然伤害自己的孩子。但我不这么认为。

第一，甄嬛的底线是已经确定孩子保不住。第二，我们在应对小人时，需要明白小人的危险系数大不相同：比如曹贵人，她只是为了自保，而且地位不高，没有能力做出大恶，她的危险系数比较低，后宫中的大部分小人都属于这一种。

华妃有权力的欲望，但她过于嚣张，经常没成事儿就自我暴露了，所以危险系数只能算中等。

而皇后位高权重，手段毒辣，平时笑嘻嘻，背后招招致命，比如：甄嬛的第一个孩子就是被皇后联合安陵容害流产的，她们又嫁祸给华妃，甄嬛后来去了甘露寺也是因为中了皇后设好的局。在整个后宫，皇后的危险系数最高。如果甄嬛不分轻重，不彻底消灭皇后的威胁，不仅自己难生存，盟友也会遭殃。于是甄嬛的处理策略是：该放就放，该打就打。

我们在生活中也要给小人划分危险系数。

有些小人危险性不大，主要影响情绪，比如一个喜欢挑拨离间的人，在A面前说B不好，在B面前说A很差，然后又到C面前搬弄：A和B昨天说你坏话了哎！

这种手段不高级，大家都是成年人，只要来回说个几次，所有人都会了解她的品性，这种人属于低危险系数的小人，不要浪费太多精力。

还有些小人与你有利益关联，或者存在竞争关系，他们贬低你、打压你，类似于：同事A跟你竞争同一个岗位，在竞争过程中，她用了很多不良手段，最终获得晋升。这个时候，对方触犯了你的口碑和利益，属于中等危险系数。但这样的小人，至少是暴露在外的，你能很明确地看到这个目标，甚至清楚她用了哪些手段，应对也不艰难。

最危险的是那些隐藏很深的小人，平时和你说贴心话，关键时刻放个狠招，打得你措手不及，这属于高危险系数的小人。比如：有一位自己创业的读者跟我说，她曾经被秘书出卖，她对秘书很好，平时手把手教她，一些机密文件也都由她保管，结果秘书去了竞争对手公司，带走了公司的重要信息。

我的读者日常比较温和，但这件事情节严重，肯定不能再动之以情晓之以理地温和处理，于是她分了三个步骤：

第一，请公司法务开会，企业都有"异业竞争协议"，规定员工离职之后一段时间不可以去竞争性质的公司，要明确对方违反了哪些规定；

第二，明确对方过失之后，交给律师用法律解决问题，该起诉、该追究，一项都不能少；

第三，对待高危险系数的小人，绝不姑息，这不是大度的问题，既要维护自己的正当权益，又要以儆效尤，谁都觉得你好说话，以后人人都到竞争对手那里去，你怎么办？

后来，我的这位读者打了漫长的官司，最终使前秘书获得了应有的惩罚。

现实生活中，像甄嬛和皇后那样互相要置对方于死地的状况很罕见，而低危险系数的小人对你不会产生太大影响，所以，这两类小人的应对方式不太复杂，复杂的是那些中等危险系数的小人。他们很常见，人数多，也没坏到不可饶恕的地步，但的确触及你的利益，影响你的声誉，对这样的人我有三条很具体的建议。

解决小人困扰的三个方法

第一个方法，识别小人的"糖衣炮弹"，避免和他们产生利益关系。

小人非常会使用"糖衣炮弹"，这也是他们难以识别的一个因素，他们起初会对你非常好，你甚至很难分辨这种好是真心还是另有所图，怎样分辨小人的"糖衣炮弹"呢？

首先，小人是出于自己的私利，对你好是利用你的某些弱点，让你获得一些局部的小利益，但是从长期来看，却是在损害你最根本的利益。

我认识一位女高管，她想让孩子上一家幼儿园，但是由于跨区进不了，一个员工知道了，很快就帮她办好了，她很感激。到了年底绩效考核的时候，这个员工的业绩距离达标差很远，马上来找高管通融，高管表示很为难，没有给他开后门。结果这个员工在公司大肆宣传，说高管是个忘恩负义的人，找自己办事很热情，办完事翻脸不认人了。

这就是很典型的小人做法，他利用帮上司解决困难而期待恩赐，但是当上司没有给到他想要的利益，立刻反咬一口。

其次，小人只对他认为有用的人好，对其他人很一般，甚至态度恶劣，这种好就很有可能是"糖衣炮弹"。

有位刚升的读者曾经跟我说："筱懿姐，我发现自己升职之后，原来那些看不惯我的人态度都变好了，我们部门有个女生，以前总是找我茬儿，现在每天早上都给我带早饭呢。"我对她说："这些好处和善意可都是有条件的，因为你升职了。"

带早饭的女生，就是典型的"糖衣炮弹"。

最后，物以类聚，人以群分，看看这个人周围都是什么样的人，也能大致判断对方的人品。

这三个窍门，可以帮助我们认清小人的"糖衣炮弹"，在认清之后，也不必说破，保持应有的礼貌和距离，千万不要牵扯利益层面的交往就可以。尤其要注意，不要因为一时贪心，收取小人的一些贵重的馈赠，不贪心能避开很多危险。

第二个方法，就事论事，把事情做好，对事不对人。

有些小人必须相处，躲都躲不掉，而且也一定会牵扯到利益，比如你们俩是同学、同事，或者存在合作关系，这种情况怎么办呢？那就聚焦到事情上来，就事论事，尽量把事情做好。

我们在学生时代会有这种偏见，那就是：如果一个人"不好"，那跟这个人相关的一切事情必定"不好"。这种非黑即白的判断很不适合社会现状，很多情况下必须学会把事情和人分开，否则你不喜欢一个人，正常工作就没办法推进了。

能不能跟小人合作呢？我认为在一定程度上是可以的。前提条件是，你要把事情和人分得很清楚，而且有类似合同等能够制约对方行为的依据，只要对方在这件具体事情上能够完成，你也兑现你的承诺，合作就是成功的。至于对方是不是有糟糕的缺点，从前和别人有怎样的过节，对你态度够不够和气，这些问题只要不在你们合作的事情上产生损失，你也不必过度疾恶如仇。

另外，如果你在职场上遇到躲不开的小人，就公事公办，把丑话讲在前面，这样一来，合作成功固然皆大欢喜，不成，也不至于因为心理落差过大而反目成仇。

第三个方法，小人容易受到利益驱使，所以必要时，用利益制约小人。

小人理解世界的方式就是利益，这里的"利益"不是集体利益，而是一己私利。所以，他们会为了个人私利，去损害别人和集体的利益。

既然小人容易受到私利的驱使，那么必要的时候，你不妨投其所好，用小利益解决一些麻烦。

甄嬛就很清楚这一点。她刚进宫还没引起皇帝注意，手下有两个小太监，一个叫康禄海，一个叫小印子，这两位对于甄嬛的"不红"非常有意见，觉得自己跟错了领导，想另寻高枝。甄嬛知道之后，没有强留，立刻放他们走，临走之前，还给了他们一人一锭银子。她这么做，就是不给小人留话柄，避免了不必要的口舌是非。

在职场上也是一样，如果遇到这样的小人，不要剥夺他已有的利益；在一些蝇头小利上，不要与对方争抢，甚至可以主动舍弃，你应该具备更长远的目标。

"全局观"的四个特质

前面做了这么多铺垫，是时候引入"全局观"这个硬核概念了。所谓全局，是事物诸要素相互关系、相互作用的发展过程。从空间上说具有广延性，是指关于整体的问题；从时间上说具有延续性，是指关于未来的问题。

全局观念是指一切从系统整体及其全过程出发的思想和准则，是调节系统内部个人和组织、组织和组织、上级和下级、局部和整体之间关系的行为规范，具有全局观念的人会从组织整体和长期的角度，考虑决策、开展工作，保证企业健康发展。

这是个管理学的概念，还很抽象，我为什么会用到《情绪自由》这本书里呢？

想想看，遭遇小人这件事让我们那么意难平、那么情绪失控，大多是因为我们被当下的状况左右，眼睛只看到眼下这个人的可恨，只看到面前这件事的烦恼，没有把这个人、这件事放到丰富的生活和漫长的时间中做全面的思考：对方的目的是什么？对我未来有哪些影响？这些影响我能改变吗？如果我现在发飙，会不会在未来给自己埋雷？

多问自己几个问题，把自己从眼前这件事里拽出来，仔细看清全局，会得到完全不同的答案。

《甄嬛传》里全局观最强的人不是甄嬛，而是太后乌雅成璧，她深谙管理的本质是做生态，讲究可持续发展，设定全局目标，允许个体差异的存在，让个体之间彼此制衡，从而实现平衡和全局利益最大化。太后设定的全局目标只有两个：

第一个，皇后必须出自乌雅家族，维护乌雅氏的地位。

第二个，皇帝必须有能力优秀的继承人，维护权力。

在这两个目标下，她明知道宜修有各种性格缺陷，甚至害死了亲姐姐，也依然支持她成为皇后，因为家族里没有其他人选。但是，华妃死后，甄嬛到甘露寺修行，皇后依然阻碍后宫嫔妃生育，威胁皇室继承人，太后就立刻干预，甚至批准甄嬛返回宫廷，牵制皇后。

在太后看来，只有这两个目标才是核心，其他都是旁枝末节，所以她深居简出，抓大放小，情绪稳定。对比下，皇后和华妃，都是线性思维，只看眼下的因果和得失，今天为甄嬛得宠烦恼，明天为眉庄生孩子揪心，情绪忽上忽下、大起大落，就是因为缺乏长远眼光和全局意识。

所以，具备"全局观"的人都会有四个特质：

1. 认清局势

深刻理解组织的战略目标，组织中局部与整体、长期利益与短期利益的关系，以及各关键因素在实现组织战略中的作用。

2. 尊重规则

有较强的规章制度意识，尊重企业运作中的各种规则，不会为局部小利而轻易打破规则和已经建立的平衡与秩序。

3. 团结协作

倡导部门间相互支援、默契配合，共同完成组织战略目标。

4. 奉献精神

明确局部与整体的关系，在决策时能够通盘考虑；以企业发展大局为重，在必要时能够勇于牺牲局部"小我"和暂时利益，为企业战略实现和长远发展的大局让路。

企业管理是这样，个人发展是这样，情绪管理更是这样。

我的建议：用系统思维看问题，情绪不被当下控制

L是我好友，一家咨询公司老板，行业与职业都很像《我的前半生》中的唐晶，某天下班凑巧发现有位项目经理电脑没关，她帮忙关电脑时看到一个群聊对话框，赫然写着一句话：老板对人真狠。

她本能打开看，这是三个人的小群，参与聊天的是三位项目经理，也是她最信任的公司中层，在交流对她管理方式的意见：

A说："任务压得太重，不给人半点透气的时间。"

B说："她自己觉得工作是乐趣，于是默认所有人都是工作狂，心塞。"

C说："昨天陪她一起去客户处谈合同，表面云淡风轻，关键指标寸步不让，真狠。"

她惊讶：原来自己在最信任的伙伴心目中，竟是这般形象。

可是，市场何尝给她机会透气？哪有人天生工作狂？每个客户都得来不易，合同看着十几页纸，最关键的不过就是那几行，哪能掉以轻心？

最让她失落的，不是员工的吐槽，而是，最信任的管理层都对自己当面一套背后一套，这世界，还有几分值得笃信？

思考很久，她安静地关了电脑，假装一切没有发生。

我问她："想过找三位员工私下谈谈吗？"

她说："怎么没想过？对话里还有更严厉与刻薄的评价，挺让

人伤心的。但是，我问自己，我们每个人都能做到表里如一，人前人后同一副面孔吗？我让自己平静下来，尽量公正地判断，这只是她们情绪的出口，还是确实对公司和我造成了损失吗？客观来说，她们三个人都是认真努力的员工，业绩出色，那么我认为这就是情绪出口，谁没有背地里想吐点槽的冲动呢？作为老板，我挣钱比别人多，地位比别人高，委屈比别人多受点，也是应该的。"

所以她装作没看过，既不苛求员工理解也不强求自己改变。

但是，在当年的公司年会上，她说了一段话：

什么是好老板？我觉得主要看三点：

第一，钱有没有给到位。

衡量薪水的关键是不要跟其他人比，因为岗位和重要程度不同，不具备可比性，请考虑自己离开这家公司，还有没有其他公司愿意出同样的薪水给你？空头支票和打嘴炮的不算，钱，得踏踏实实埭在你面前，落袋为安才算诚意。

第二，信任和机会有没有给到位。

信任的核心不是批评了你几句重话，而是有没有给足够的空间让你发挥，有没有给充分的机会让你试错，有没有让你获得在别处没有的职业发展。

第三，关键时刻的情分有没有给到位。

情分不是平时仨瓜俩枣的小恩小惠，而是你遇见结婚、生子、生病这些大事，有没有以一颗公允之心对待、仁厚之心处理，有没有保障你的经济利益和生活总体舒适度。

能做到以上三点，我觉得就是好老板。

说完这些话，全体员工鼓掌，巴掌拍得最凶的，是那三位项目经理，工作最投入和勤奋的，也是那三位项目经理，当然，收入最高的，依旧是那三位项目经理。

如果只看到眼前那个扎眼的对话框，很容易情绪上头，去找这三人对质和争论，可是，这有用吗？

大多数当时觉得天大的事，放到一个时间段，或者一个大目标中看，都是小事，都好解决。

有个快意恩仇的词叫"手撕小人"，判断对方是否该撕或许也有三个标准：

第一，ta的主观是否带着极大的恶意。吐槽与恶意最大的区别，在于究竟只是想给情绪找个出口，还是刻意要"搞点事情"，故意毁坏你的名誉。

第二，是否给我们带来严重和具体的损失。真正有能力、有魄力还有执行力去陷害别人的家伙，那是很少的，大多数人都是过个嘴瘾而已。

第三，"撕"完之后，有什么效果。如果撕一儆百，撕得帅气高效，撕撕也值得。但大部分的"撕"，从开始就走形了，变成相互指责，没法收场。

"全局观"和"系统思维"是这本书的最后一个章节，也是我个人在处理情绪问题中最常用的模型，这让我的情绪不被当下控制。

我有个特别的体会：很多读者在沟通中都会急切地找我要一个答案，比如：要不要换一份工作？要不要戳穿背地里说小话的闺蜜？要不要回怼父母的催婚？要不要跟现在的男朋友分手？等等。

但是，我通常都会对她们说："能不能先缓一缓？"

我曾经是个急性子，任何事情都必须立刻要个说法，可是后来，我逐渐接纳"在某一个时间段内我很可能真的找不到解决方案"，并且不去"硬思考、硬解决"。我在不断的挫败中学会把这类问题先放下——无论是放五分钟、五个小时，还是五天或者五个月。当我的思想和能力不断提升，哪怕仅仅提升了一点点，再去回望这个问题，经常发现曾经困住我的难点不知道什么时候变得简单了。

这种处理方式不是"逃避"，而是"全局观"，在个人能力不足的时候不难为自己，在当下想不到解决方法的时候暂停一下，我们追求的是未来更好，而不是当下过瘾。我逐渐接受答案是自然而然出现的，不是咬牙切齿苦思的，这样做最大的益处是：我变得很少焦虑。因为原先我焦虑的大多数原因是"当下的能力解决不了问题"，自从问题可以被暂时搁置、延迟解决，我就变得松弛，情绪的稳定指数也提升了很多。

真正理解"全局观"之后，能够眼光既长远又全面地看待人与事，获得平静和力量。

全书完

情绪自由

作者 _ 李筱懿

产品经理 _ 王宇晴　　装帧设计 _ 朱大锤　　产品总监 _ 熊悦妍　　特邀技术编辑 _ 白咏明
责任印制 _ 梁拥军　　出品人 _ 王誉

营销团队 _ 闫冠宇　丁子秦

鸣谢 (排名不分先后)

一草　何娜　张幸　王楠莹

果麦
www.guomai.cn

以 微 小 的 力 量 推 动 文 明

图书在版编目（CIP）数据

　　情绪自由 / 李筱懿著. -- 广州：花城出版社，
2023.8（2023.12重印）
　　ISBN 978-7-5360-8309-7

　　Ⅰ. ①情… Ⅱ. ①李… Ⅲ. ①女性－情绪－自我控制
－通俗读物 Ⅳ. ①B842.6-49

　　中国国家版本馆CIP数据核字（2023）第143584号

出 版 人：张　懿
责任编辑：李　卉　王佳云
责任校对：李道学
技术编辑：林佳莹
装帧设计：朱大锤
产品经理：王宇晴

书　　　名	情绪自由
	QINGXU ZIYOU
出版发行	花城出版社
	（广州市环市东路水荫路 11 号）
经　　销	全国新华书店
印　　刷	河北鹏润印刷有限公司
	（河北省肃宁县经济开发区宏业路 1 号）
开　　本	880 毫米 × 1230 毫米　32 开
印　　张	7
字　　数	175,000 字
版　　次	2023 年 8 月第 1 版　2023 年 12 月第 3 次印刷
印　　数	21001—26000 册
定　　价	49.80 元

如发现印装质量问题，请直接与印刷厂联系调换。
购书热线：020-37604658　37602954
花城出版社网站：http://www.fcph.com.cn